基礎から学ぼう

電気と磁気

～静電気からマクスウェルの方程式まで～

川村 康文　著

電気書院

はじめに

携帯電話やテレビは，現代社会を生きていくうえでは，なくてはならない生活必需品となっています。これらは，電気を利用して稼働しています。そして，情報のやりとりには電磁波を利用しています。さて電気や電磁波の正体とはなんでしょうか？

これらのことを扱う学問が電磁気学です。電磁気学は，物理学のなかでも，とりわけ理解が難しい分野とされていますが，本書では，図解を丁寧に行い，より豊かなイメージをもって頂けるようにわかりやすく解説を行っています。また，少しは実験を取り入れての解説を行ってみました。しかもその実験は，100円ショップなどで揃えられるような簡単な材料で行える実験を用いて解説しています。

このように，日常，身の回りの電気に関することから，大学で学ぶような電磁気学の少し高度なことまでを，わかりやすく導入し，数式にも少し慣れてもらって，理解を深めて頂ければと考えています。

ぜひ，本書を読んで頂き，現代社会で必要とされている電気と磁気に関する知識を楽しく習得して頂ければと願っています。

川村　康文

目　次

01 静電気

電気といえば，パソコンやスマートフォン，掃除機や洗濯機などの家電製品を動かすもの，と一番に思い浮かびますね。しかし実は，身近なところではセーターを脱ぐときや，自動車のドアに触ったときに，バチッとくる静電気も電気です。

人類の歴史の舞台には，この静電気が電流よりも先に登場しました。

静電気発生の原因

セーターを脱ぐときや，自動車のドアに触ったときに，バチッとくる静電気は，どうして起こるのでしょうか？

それは，物質が，すべて原子からできているからなんです。えっと思うかもしれませんが，じっくりと読み進めてください。

原子は，中心にプラスの電気をもった**陽子**と電気をもたない**中性子**からなる**原子核**と，ある軌道半径を中心にそのまわりに漂うように存在する**電子**からなっています。

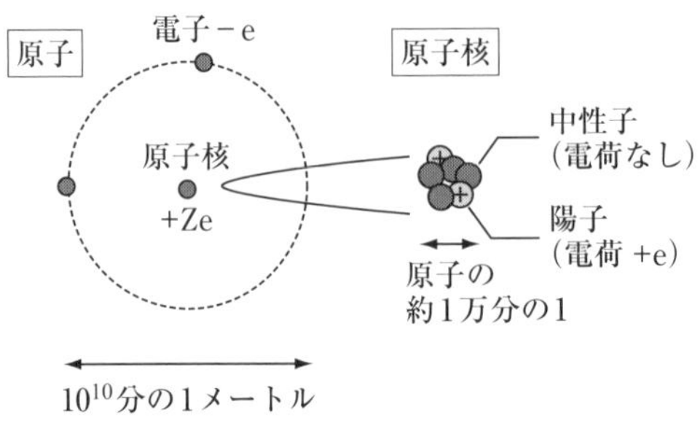

図1－1　原子のしくみ

昔，電子は，太陽のまわりを回る地球や火星のように，原子核のまわりを回っていると考えられていましたが，量子力学が理解されるようになってからは，電子は，原子核のまわりに電子雲のように確率的に存在しているとされるようになりました。

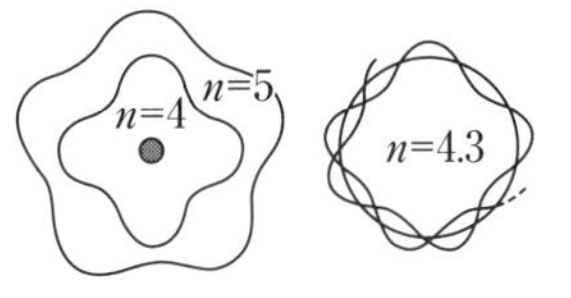

電子波が干渉のため打ち消され，左上図のような軌道は存在できない。

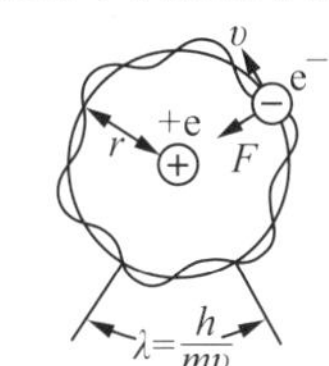

電子を粒としてではなく，波動としてみたとき，波長 λ は $\lambda=\frac{h}{mv}$ となる。hはプランク定数という。

図1－2

しかし，その電子の実態は不思議なもので，あるときには粒子のようにふるまい，あるときには波動のようにふるまいます。その性質を**二重性**とよんでいます。

この粒であったり波であったりする電子は，原子核の陽子の数と同じ個数だけ，原子核のまわりに存在し，その原子は，電気的に中性になります。つまり，電気をおびていない状態というわけです。

物体同士も，何もしていないときは，電気的に中性です。しかし，物体同士を擦(こす)り合わせてみると，**摩擦電気**，すなわち静電気が生じます。

これは物質ごとに，電子の引き寄せやすさが異なり，ある物質は電子を引き寄せやすいが，他の物質は**電子**を手放しやすかったからです。

電子を引き寄せやすかった物質はマイナスに帯電し，電子を手放しやすかった物質はプラスに帯電します。例えば，ストローとティッシュペーパーと消しゴムで，プラス・マイナスの帯電実験を行うことができます。

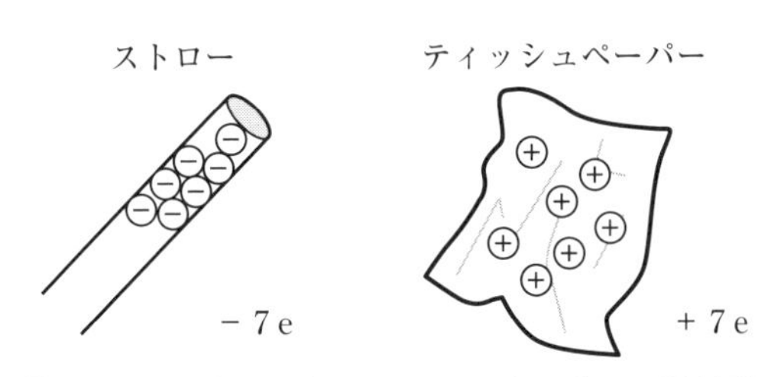

図1－3　ストローとティッシュペーパーの摩擦電気

実験　ストロー検電器

ストローを３本用意し，１本を図１－４のように紙コップの上に天びんのように置きます。具体的には次のようにします。紙コップを底を上にして置き，コップの底におしピンを針を上に向けてセロハンテープではり，ストローの真ん中あたりに穴をあけて，その穴をおしピンの上にかぶせるように置くと，天びんのようにつりあいます。

もう１本のストローをティッシュペーパーで擦るとマイナスに帯電します。そして，天びんにしたストローに触れさせマイナスにします。

そこへティッシュペーパーで擦ったストローを再度，近づけると，マイナス同士なので，お互いに反発しあって逃げます。

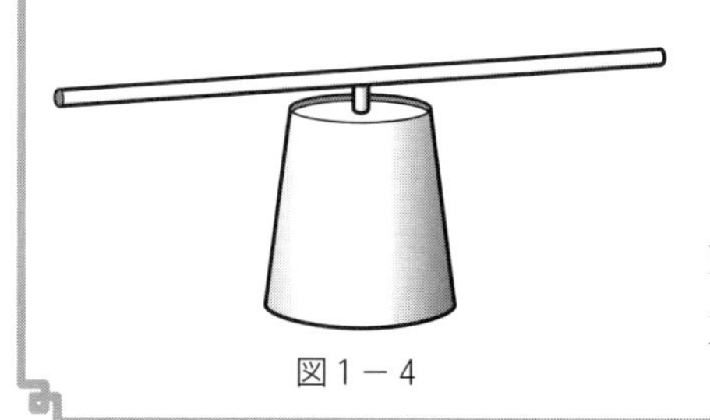

図１－４

３本目のストローをプラスティック消しゴムで擦ると，プラスに帯電します。それをマイナスに帯電した天びんにしたストローに近づけると，互いに引き合います。

静電気は，このように，摩擦などによって，ある物質から他の物質に電子が移動してしまい互いに異符号の電気が蓄(た)まったり，あるいは，他の物質間で電子のやりとりをして互いに同符号の電気が蓄まった電気のことをいうわけです。

このとき，異符号の電気同士では引きあい，同符号の電気同士では反発しあいます。

それぞれの物質は，正に帯電しやすいのか，負に帯電しやすいのか異なります。この順番を表したものを**帯電列**といいます。帯電列を表すと図１－５のようになります。両端のもの同士を摩擦させるほど帯電しやすいわけです。なお摩擦は，物体表面で行われる現象なので，帯電列は物体表面の状態，温度，湿度などによって変わることがあります。

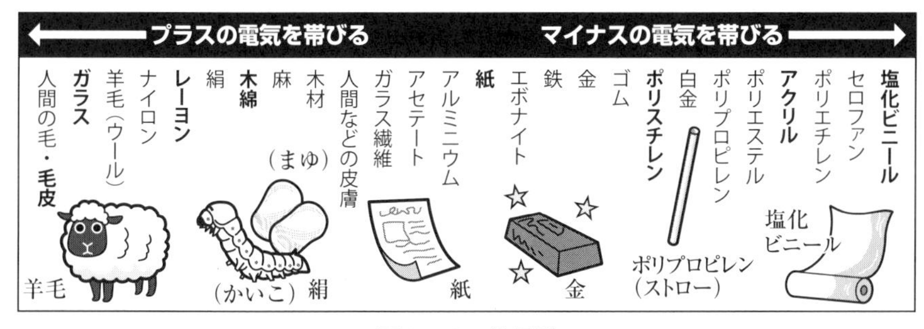

図1－5　帯電列

電　荷

ストローを擦って電気を蓄める場合，軽く擦った場合と，十分長い時間擦った場合で，はたらく力の大きさが異なります。これは，蓄まる電気の量が，多いか少ないかの違いを表しています。

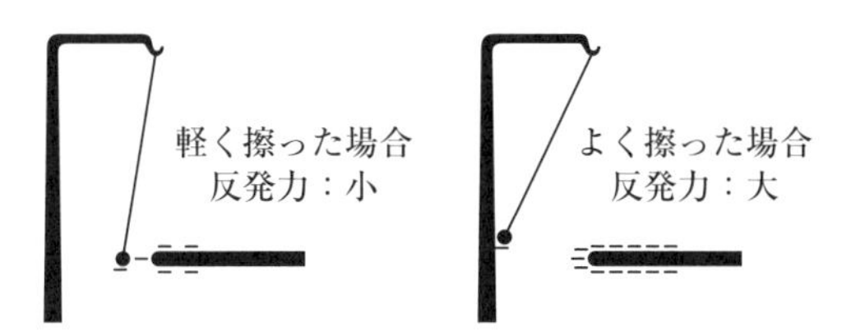

図1－6　電気量の強さの比較実験

物体が持っている電気の大きさを**電荷**または**電気量**といい，物理学では Q や q で表します。また，単位には〔C〕（クーロン）を用います。

はじめ中性であった2物体同士を摩擦して電気を起こさせ，後に，この2物体を接触させると，両者は中和し，**電気的に中性**になります。このことから，2つの物体に生じた電気量が同じ量で，異種であったことがわかります。このときの電気量の大きさを q とすると，

$$(+q)\ +\ (-q)\ =0$$

となります。これを，**電荷保存則**（law of conservation of electric charge）といいます。

クーロンの法則

帯電させた物体の距離を近づけたり，物体への帯電量が大きくなると，同種の電荷の場合，より大きく反発します。このことから，作用する力は，電荷の大きさに比例したり，距離が近づくと大きくなることがわかりますが，このことを精密な実験を通して，数式にまとめあげたものが**クーロンの法則**です。

距離 r だけ離れた2つの電荷 q_1，q_2 に作用する力の大きさ F は，比例定数を k とすると，

$$F = k\frac{q_1 q_2}{r^2} \qquad (F > 0\ ;\ \text{斥力},\ F < 0\ ;\ \text{引力})$$

となります。MKS 絶対単位系での電荷の単位は，前述したように〔C〕（クーロン）で，その大きさは次のように決めています。

1C とは，真空中で等量の電荷を 1m 離して置いたとき，互いに作用する力の大きさが

$$F = \frac{c^2}{10^7}\text{〔N〕} \fallingdotseq 9.0\times10^9\,\text{N}$$

となる電荷の大きさです。ただし，c は光速で $c = 3.0\times10^8$ m/s です。

このことから，比例定数 k は，

$$k \fallingdotseq 9.0\times10^9 = \frac{1}{4\pi\varepsilon_0}$$

となります。

また ε_0は，**真空の誘電率**といい，$\varepsilon_0 = \dfrac{10^7}{4\pi c^2} = 8.85\times10^{-12}$ F/m です。

以上から，クーロンの法則を整理し直すと，

$$F = k\frac{q_1 q_2}{r^2} = 9.0\times10^9\frac{q_1 q_2}{r^2} = \frac{1}{4\pi\varepsilon_0}\cdot\frac{q_1 q_2}{r^2}\text{〔N〕}$$

となります。

著者は，この ε_0を**真空マーク！**とよんでいます。その他にも真空マークには，磁場における真空の透磁率の μ_0，光速の c，絶対屈折率の n_0などがあります。

02 電　場

電気の影響を受ける空間を電場といいます。工学の世界では，電界とよぶことが多いですが，両方とも同じことです。

電場は，重力場と同じようなイメージで考えるとよいです。何もない空間に質量をもった物体を置くと，その物体のまわりに，重力場といって万有引力が生じる空間が生まれます。同様に，何もない空間に電荷を置くと，電気的な力が生じる空間すなわち電場が生まれます。目にみえない空間で，わかりにくかったので，ファラデーは，電場に電気力線というツールを導入することで，みごとに可視化してくれました。

電場（electric field）

電荷が何もないところには，電気的な影響を及ぼすような空間は発生しません。つまり，本当に何にもない！ということです。

ところが，いったん，真空中のある１点に，電荷 Q〔C〕を置くと，その電荷のまわりに，電気的な影響を及ぼす空間が発生します。

例えば，試しに，この電荷から r〔m〕離れたところに，+1 C の電荷を持っていってみましょう。クーロンの法則により，

$$F = \frac{1}{4\pi\varepsilon_0} \cdot \frac{Q \times 1}{r^2} \text{〔N〕}$$

というクーロン力を受けます。ε_0は真空の誘電率といい，真空の場合の誘電率を表します（図２－１）。

もし Q〔C〕の電荷がなければ，+1 C の電荷には，何の作用も及ぼさないはずですが，Q〔C〕の電荷が存在するがためクーロン力が作用します。

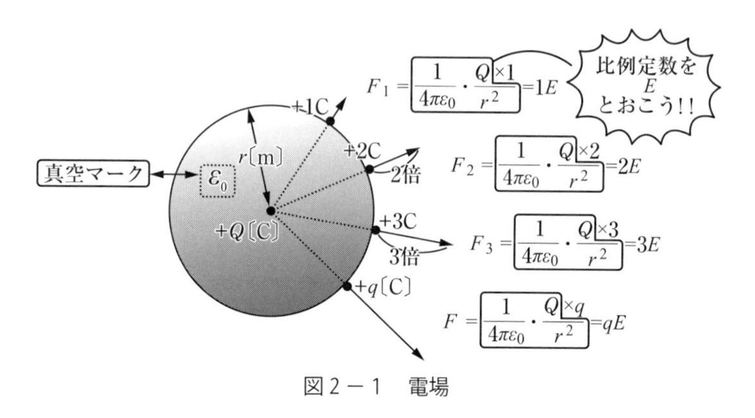

図2－1　電場

さて，いったん，そのような空間の存在を認めたなら，今度は，どんな空間ができているのか知りたくなるのは，人間の心理でしょう。

ここで，＋1Cの電荷を取り除き＋2Cの電荷と置き換えてみましょう。すると，そのときはたらくクーロン力は，

$$F = \frac{1}{4\pi\varepsilon_0} \cdot \frac{Q \times 2}{r^2}〔\mathrm{N}〕$$

です。

同様に，＋2Cの電荷を取り除き＋3Cの電荷と置き換えると，

$$F = \frac{1}{4\pi\varepsilon_0} \cdot \frac{Q \times 3}{r^2}〔\mathrm{N}〕$$

これを繰り返し，任意の＋q〔C〕の電荷と置き換えると，

$$F = \frac{1}{4\pi\varepsilon_0} \cdot \frac{Q \times q}{r^2}〔\mathrm{N}〕$$

の力を受けます。

どうですか？1，2，3，……qと考えるとわかりやすいですね。このような方法で考えることを「数学的帰納法」的な考え方といいます。物理の内容が難しいときには，このように指折り，1，2，3，……と考えてみましょう。

ある位置rを決めると，外部から近づけた電荷が受ける力Fの大きさは，その電荷の大きさに比例することがわかります。比例定数$\frac{1}{4\pi\varepsilon_0} \cdot \frac{Q}{r^2}$を$E$とおくと，

$$E = \frac{1}{4\pi\varepsilon_0} \cdot \frac{Q}{r^2}$$

と書けます。

電荷 Q のまわりの空間は，電荷 Q が存在するために変化を受け，他の電荷をおくと電気的な力が生じます。このような空間を**電場**といいます。電荷 Q〔C〕のまわりに＋１C の試験用の電荷を持っていった場合に，試験用の電荷が受ける力の大きさを**電場の強さ *E***といい，$E = \frac{1}{4\pi\varepsilon_0} \cdot \frac{Q}{r^2}$ で表されます。

また，$F = \frac{1}{4\pi\varepsilon_0} \cdot \frac{Q \times q}{r^2} = q \times \boxed{\frac{1}{4\pi\varepsilon_0} \cdot \frac{Q}{r^2}} = q\boxed{E}$ より，

$$F = qE \; ; \; E = \frac{F}{q}$$

と書けます。

電場の単位は，$E = \frac{F}{q}$ より，〔N/C〕となります。

ところで，数式の上では，そうなると納得しても，電場を具体的にイメージするなら，どうなっているんだろうと思うことでしょう。そこで登場するのが，天才ファラデーが編み出した**電気力線**です。ちなみに，初心者のなかには，これを「でんきりょくせん」と読む人もいますが，正しくは「でんきりきせん」なので，要注意です。

電気力線（でんきりきせん）

電荷同士の間には静電気力が作用しますが，古く19世紀の中頃では，静電気力は電荷間に直接，瞬間的に作用するという考え方がされていました。このような考え方を**遠隔作用**といいます。しかしファラデーは，そのようには考えずに，電荷のまわりに電気的な影響を与える空間が生まれ，その影響が徐々に，相手側の電荷にまで届いていくのではないかと考え，これを電気力線で表しました。このような考え方を**近接作用**といいます。

電気力線の約束は，次のように決められました。

①電気力線は，途中で枝分かれすることなく，正の電荷から出て負の電荷に入ります。

②電気力線は，長さの方向に縮まろうとする張力をもちます。

③隣りあう電気力線同士は，反発し押しあいます。

このことを踏まえると，図２－２のように書くことができます。

まず，プラスの電荷が１個だけあれば，電荷からは，電気力線は，四方八方へと**均一**に放たれます。また，マイナスの電荷が１個だけあれば，電気力線は，マイナスの電荷に四方八方から吸い込まれます。

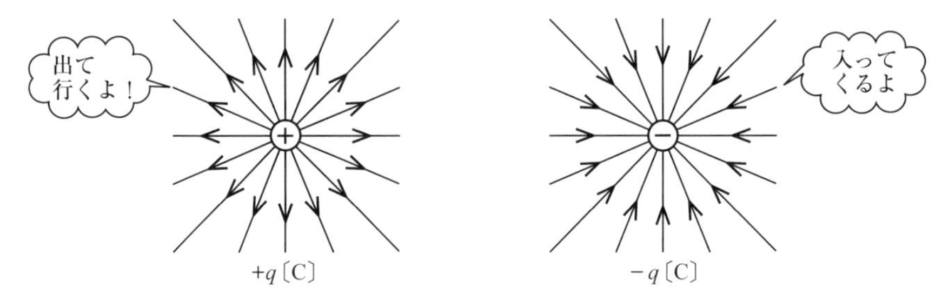

図２－２　点電荷の電気力線

次に，**電荷の大きさが同じ**正電荷と負電荷があると，電気力線は，途中で枝分かれすることなく，プラスから出てマイナスに入ります。そのイメージ図形は，図２－３のように⊕と⊖を結ぶ垂直二等分線に対して**対称**な形となります。

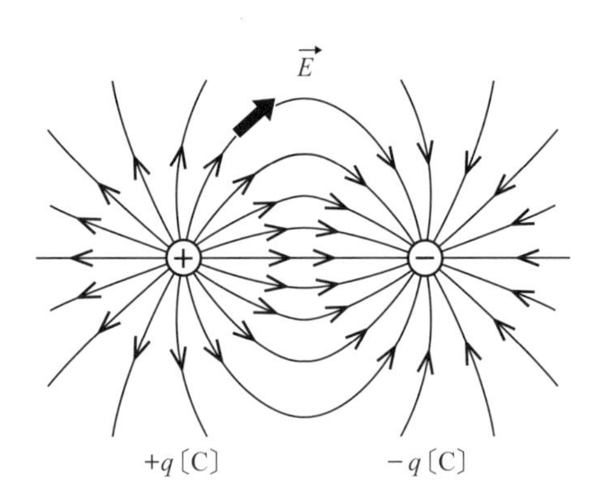

図２－３　同じ大きさの異符号電荷の電気力線

また，電荷の大きさが同じ同種の電荷がある場合には，電気力線は，互いに反発しあうように広がります。その形は，図２－４のようにやはり対称な形です。

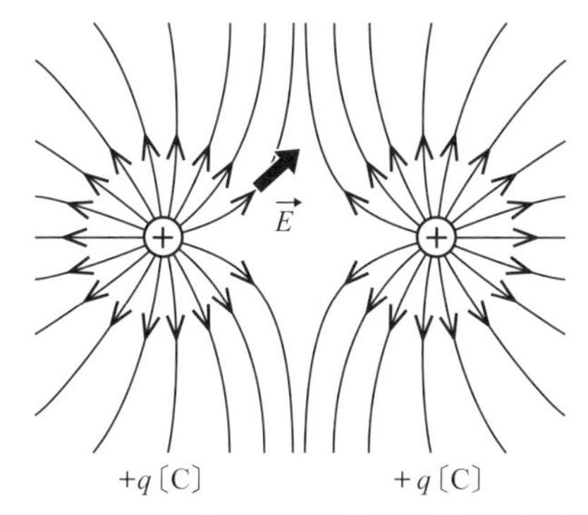

図２－４　同じ大きさの同符号電荷の電気力線

正電荷だけ，負電荷だけの場合をみると，なお，わかりやすいですが，電気力線は，**接線**の方向が，その点における電場の方向を示すことになります。

また電気力線の本数は，電気力線の密度が電場の強さを示すように引くと決められています。ですので，電場の強さが E〔N/C〕の点では，電気力線を電場に垂直な単位面積 1 m^2 あたりに E〔本〕の割合で引きます。

図２－５のように，電場の強さが E〔N/C〕の場合，電場に垂直な S〔m^2〕の面積を貫く電気力線の総本数 N は，

$$N = ES〔本〕$$

となります。

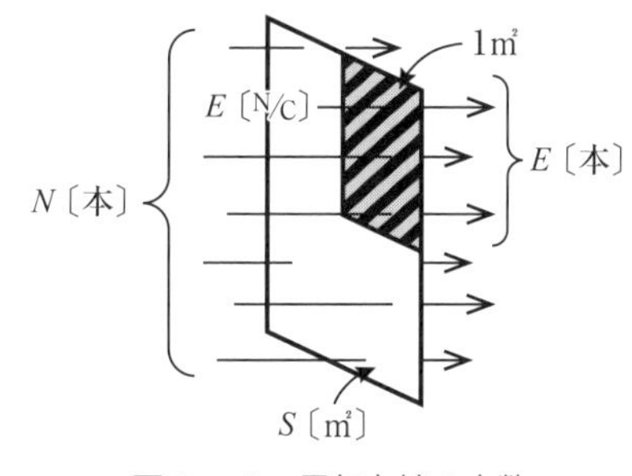

図２－５　電気力線の本数

それでは，点電荷＋ q〔C〕から出る電気力線の総本数は何本でしょうか？　真空の誘電率を ε_0 として求めてみましょう。

次のように考えます。点電荷 q〔C〕から r〔m〕離れた位置での電場の強さ E は，

$$E = \frac{1}{4\pi\varepsilon_0} \cdot \frac{q}{r^2}〔N/C〕$$

なので，この球面の 1 m^2 あたりを，$E = \frac{1}{4\pi\varepsilon_0} \cdot \frac{q}{r^2}$〔本〕の電気力線が貫くことになります（図２－６）。したがって，球面全体で受ける全電気力線の本数 N は，

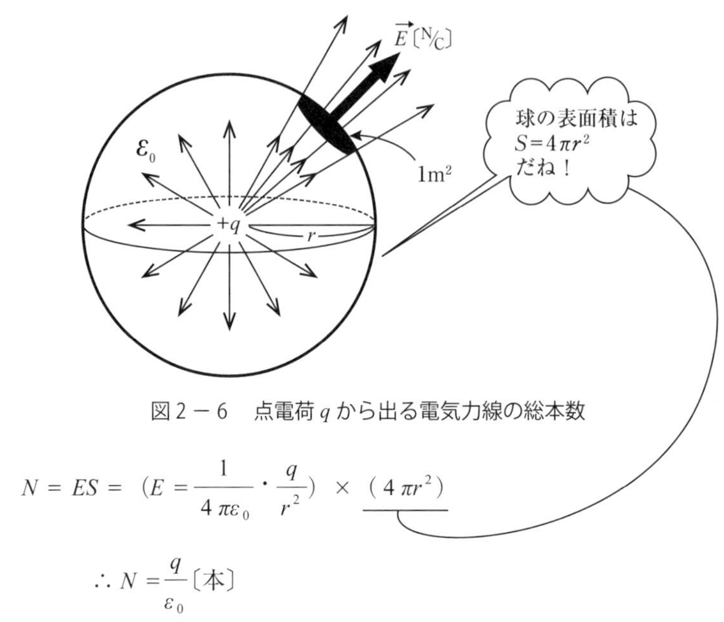

図2－6　点電荷 q から出る電気力線の総本数

$$N = ES = \left(E = \frac{1}{4\pi\varepsilon_0}\cdot\frac{q}{r^2}\right) \times \underline{(4\pi r^2)}$$

$$\therefore N = \frac{q}{\varepsilon_0}\text{〔本〕}$$

というわけです。

ガウスの法則の一番簡単な形が，上の式で表される場合です。マクスウェルの方程式（17章）を学ぶときに，再度でてくるのでよく頭に入れておいてください。

03 電　位

電位といわれると，なんだか難しい気がしてしまいますが，電位差と電圧が同じだといわれると，少しは安心できるでしょうか？

電位は，物理学的には，重力による位置エネルギーをイメージすると理解しやすくなります。

電圧が1.5 V の乾電池のマイナス極を 0 V とすると，プラス極での電位は，＋1.5 V となります。つまり電位差が1.5 V ということになります。

電圧

電圧という単語はよく耳にします。どんなところで，電圧という単語を使うでしょうか？

まずは，家のなかのコンセント。ここには交流100 V の電圧の電気が来ています。家庭内で使うほとんどの電化製品は，交流100 V 用です。例えば，テレビ，洗濯機，冷蔵庫，PC などです。ときどきエアコンなどは200 V のものの場合もありますが……。

次は，乾電池で動くものですね。乾電池の電圧は普通1.5 V です。２本を直列で使う場合は３V，４本を直列で使う場合は1.5×４＝６V というわけです。乾電池のように，プラスとマイナスが決まっていて，電流の流れる向きも一定な場合，**直流**といいます。

それから，より身近な携帯電話やスマートフォンの充電器には５V 前後のものが多くあります。ノート PC などになると，もうバラバラです。それでも，流れる電流が直流だということは共通です。

最後に，自動車をあげたいと思います。自動車のバッテリーといえば，これまでは，鉛蓄電池を利用し，自動車で12 V，トラックなどで24 V と決まっていましたが，電気自動車などでは，どの電圧に落ち着くのでしょうか？　電気自動車のバッテリーがどんな材質で，どの電圧になったとしても，当面は，自動車内部で扱う電化製品は12 V 使用にしておかないと，こっちの車ではオーケーでも，あっちの車じゃ使えない！となってしまいますので，12 V での統一規格はしばらく続ける方がいいですよね。

電位

電位というと，とたんに難しく聞こえますが，電圧と変わらないイメージと考えて大丈夫といいました。「乾電池のマイナス極を０V として，乾電池のプラス極は何 V？」と質問されると，「＋1.5 V」と答えることになります。では，「乾電池が４本直列につながっています。このとき，一番端の乾電池のマイナス極を０V とすると，反対側の端のプラス極は何 V？」という問いには，「＋６V」と答えると思います。このような簡単なイメージで，電位という概念をとらえていただけるといいかと考えます。

さて，電位について簡単なイメージができたところで，物理学的な説明へと一歩進めてみましょう。

強さ E〔N/C〕の一様な電場を考え，その中に単位正電荷＋１C を置きます。すると電場の方向に，$F = 1 \times E = E$〔N〕の力を受けます。したがって，＋１C の正電荷を，図３－１の A 点から B 点まで距離 d〔m〕だけ，ゆっくりと運ぶには，同じ大きさの外力を加えて，$W = Fd = Ed$〔J〕の仕事をしなければなりません。

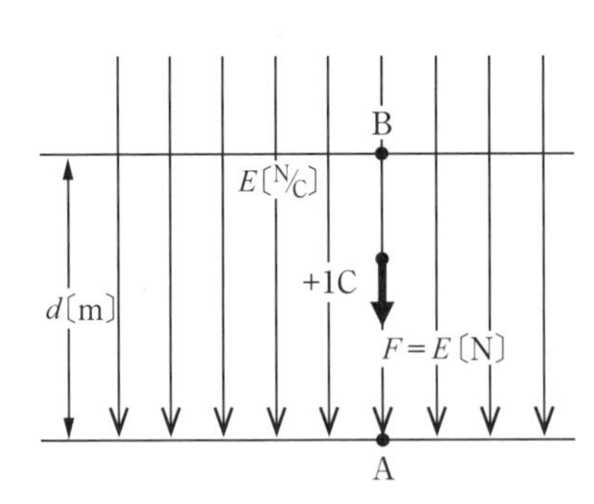

図３－１　一様な電場中の電荷が受ける力

続いて，強さ E〔N/C〕の一様な電場のなかで，＋ q〔C〕の電荷を①のように運ぶ場合と②のように運ぶ場合について考えてみましょう（図３－２）。物体の大きさは無視できるほど小さいとしましょう。

① A から B へ距離 L だけ運ぶのに要する仕事 W

② A′ から B へ運ぶのに要する仕事 W'

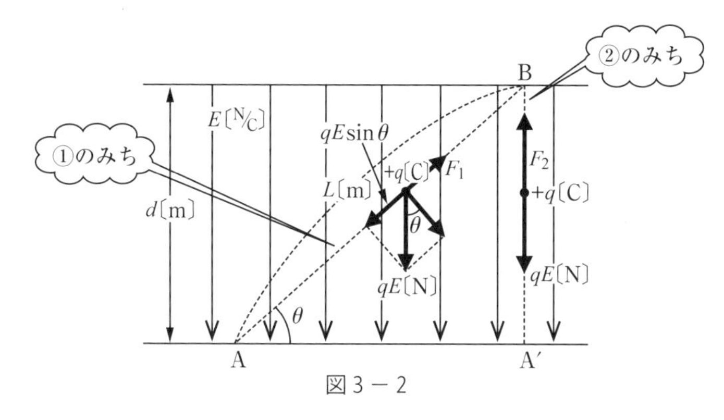

図３－２

①の仕事 W は，

$$W = F_1 \times L = (qE\sin\theta) \times L = qEL\sin\theta = qEd$$

です。また，②の仕事 W' は，

$$W' = F_2 d = qEd \qquad \therefore W = W'$$

となります。

つまり図３－２の AA′ のラインから B まで運ぶ仕事は，①，②のどちらの道筋をとってもよいことがわかりました。もっと拡張して考えてみると，図３－３のように基準点 A から B まで電荷を運ぶのに要する仕事は，その道筋によらず，はじめの位置と終わりの位置だけで決まります。

このような力を，**保存力**といいます。

このとき，単位正電荷＋１C を運ぶのに要する仕事が V〔J〕なら，点 B は基準点 A より，V〔V〕電位が高いといいます。つまり，点 B の電位は V〔V〕となります。

ところで，この関係を数式でおさえておくと，次のようになります。

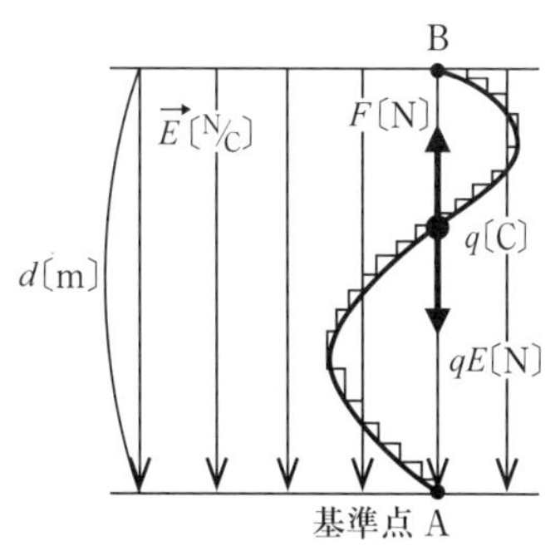

図３－３

$$W = Fd = (+1) \times Ed = V〔J〕$$

$$\therefore V = Ed\ ;\ E = \frac{V}{d}\ \text{〔V/m〕}$$

このことから，電位の１Ｖは，次のように定義できます。

「１Ｃの正電荷を運ぶのに１Ｊの仕事を要するとき，２点間の電位差を１Ｖとする」。

q〔C〕の正電荷を V〔V〕電位の高いところに運ぶのに要する仕事 W〔J〕は，$W = qV$〔J〕となります。つまり，q〔C〕の正電荷は，V〔V〕電位の低い点に対して，qV〔J〕だけ，静電気力による位置エネルギーを持っていることになります。

等電位面（線）（equipotential surface）

電位の等しい点を結んで得られる面（線）を等電位面（線）といいます。等電位線は，電場と垂直です。

点電荷のまわりや，異種等量の点電荷間，同種等量の点電荷間のまわりにできる等電位面は，図３－４の（a），（b），（c）のようになります。

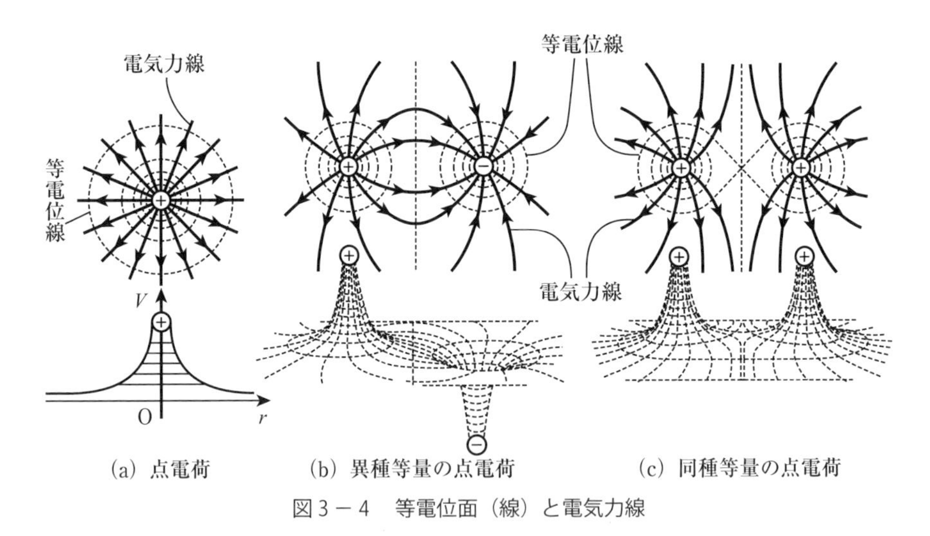

図３－４　等電位面（線）と電気力線

電場の強さと電位差との関係

正電荷は，電場の向きに力を受けます。したがって，電気力線に沿って移動するに従い，電位は下がります。

それでは，電場の強さ E と電位差 V との関係を求めてみましょう。そのために，強さ E〔N/C〕の一様な電場の中で，正電荷 $+q$〔C〕を，電場に逆らって，d〔m〕の区間を移動させる場合の仕事 W を求めます。

$$W = Fd = qEd \text{〔J〕}$$

ところで，この区間の電位差を q〔V〕とすると，$W = qV$ なので，

$$qV = qEd$$

$$\therefore V = Ed \quad E = \frac{V}{d}$$

となります。単位に関しては，〔N/C〕=〔V/m〕 という関係を満たします。

電位の降下する割合を，**電位の勾配**といいます。

$$\text{（電位の勾配）} = \frac{V}{d} = \tan\theta \text{〔V/m〕} = |\vec{E}|$$

したがって，電場の強さ E は，微小区間での電位の変化量と考えて，

$$E = -\frac{\mathrm{d}V}{\mathrm{d}x}$$

といえます。また，

$$V_B - V_A = -\int_A^B E\mathrm{d}x$$

と表すこともできます。

絶対電位

正電荷 $+q$〔C〕を，原点に置き，電荷から距離 r〔m〕だけ離れた点 P での電位を求めてみましょう。直線 OP を x 軸にとり，正電荷 q' を点 P から無限遠点まで動かすときの静電気力が行う仕事 W〔J〕は，

$$W = \int_r^{\infty} F\mathrm{d}x = \int_r^{\infty} \frac{1}{4\pi\varepsilon_0} \cdot \frac{q \cdot q'}{x^2}\mathrm{d}x = \frac{q \cdot q'}{4\pi\varepsilon_0}\left[-\frac{1}{x}\right]_r^{\infty} = \frac{1}{4\pi\varepsilon_0} \cdot \frac{qq'}{r}$$

です。したがって，点Pでの電位Vは，$W = q'V$より，

$$V = \frac{W}{q'} = \frac{1}{4\pi\varepsilon_0} \cdot \frac{q}{r}〔\mathrm{V}〕$$

となります。これが，求める**絶対電位**になります。

また，単位については，$〔\mathrm{V}〕= \left[\frac{\mathrm{J}}{\mathrm{C}}\right] = 〔\mathrm{J}/\mathrm{C}〕$ という関係が成り立ちます。

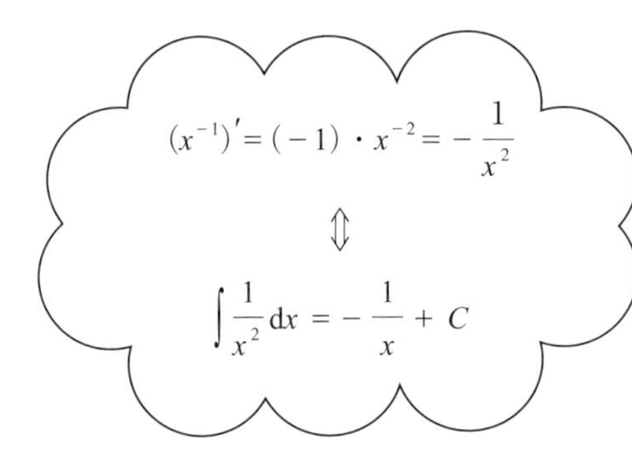

コラム　絶対電位は積分を知らないと求められないの？

いえいえ，積分を知らなくても，絶対電位を求めることはできます。

点電荷のつくる電場の強さは，電荷の存在する位置からの距離の二乗に反比例するので，一定の強さではありません。

いま，距離 r が十分に大きい場合について，単位正電荷 + 1 C を，静電気力に逆らって，無限遠より位置 r まで運ぶのに要する仕事を求めてみましょう。

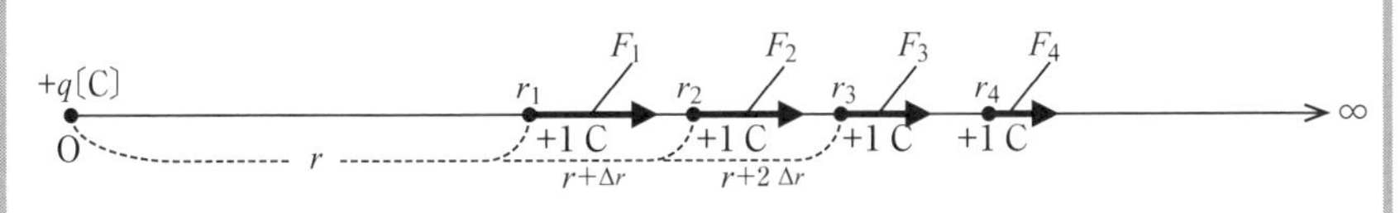

図 3 － 5

電場の内部で，単位正電荷を，$r + \Delta r$ から r まで，静電気力に逆らって運ぶのに要する仕事 W_1 は，この区間での電荷に作用する平均の力 $\overline{F_1}$ と，移動距離 $(r + \Delta r) - r = \Delta r$ との積であたえられます。

平均の力を $\overline{F_1}$，この区間の仕事を W_1 とすると，

$$\overline{F_1} = \sqrt{F_1 \times F_2}$$

相乗平均だよ！

$$= \sqrt{\left(\frac{1}{4\pi\varepsilon_0} \cdot \frac{q}{r^2}\right)\left(\frac{1}{4\pi\varepsilon_0} \cdot \frac{q}{(r+\Delta r)^2}\right)} = \frac{1}{4\pi\varepsilon_0} \cdot \frac{q}{r(r+\Delta r)}$$

$$= \frac{1}{4\pi\varepsilon_0} \cdot \frac{q}{\Delta r}\left(\frac{1}{r} - \frac{1}{r+\Delta r}\right)$$

$$\therefore \quad W_1 = \overline{F_1} \times \Delta r = \frac{q}{4\pi\varepsilon_0}\left(\frac{1}{r} - \frac{1}{r+\Delta r}\right)$$

となります。

次に単位正電荷を r_3 か r_2 へ運ぶ仕事 W_2 を求めてみましょう。この区間の平均の力を $\overline{F_2}$ とすると，

$$\overline{F_2} = \sqrt{F_2 \times F_3}$$

$$= \sqrt{\left(\frac{1}{4\pi\varepsilon_0} \cdot \frac{q}{(r+\Delta r)^2}\right)\left(\frac{1}{4\pi\varepsilon_0} \cdot \frac{q}{(r+2\Delta r)^2}\right)}$$

$$= \frac{1}{4\pi\varepsilon_0} \cdot \frac{q}{(r+\Delta r)(r+2\Delta r)}$$

$$= \frac{1}{4\pi\varepsilon_0} \cdot \frac{q}{\Delta r}\left(\frac{1}{r+\Delta r} - \frac{1}{r+2\Delta r}\right)$$

$$\therefore W_2 = \overline{F_2} \times \Delta r$$

$$= \frac{q}{4\pi\varepsilon_0}\left(\frac{1}{r+2r} - \frac{1}{r+2\Delta r}\right)$$

となります。同様に W_3 も求めてみましょう。

以上から，単位正電荷を r_2 から r_1 に運ぶ仕事を W_1，r_3 から r_2 に運ぶ仕事を W_2，r_4 から r_3 に運ぶ仕事を W_3，……とすると，

$$W_{r\to\infty} = W_1 + W_2 + W_3 + \cdots$$

$$= \frac{q}{4\pi\varepsilon_0}\left(\frac{1}{r} - \frac{1}{r+\Delta r}\right) + \frac{q}{4\pi\varepsilon_0}\left(\frac{1}{r+\Delta r} - \frac{1}{r+2\Delta r}\right)$$

$$+ \frac{q}{4\pi\varepsilon_0}\left(\frac{1}{r+2\Delta r} - \frac{1}{r+3\Delta r}\right) + \cdots$$

$$= \frac{q}{4\pi\varepsilon_0}\left[\left(\frac{1}{r} - \frac{1}{r+\Delta r}\right) + \left(\frac{1}{r+\Delta r} - \frac{1}{r+2\Delta r}\right)\right.$$

$$\left.+ \left(\frac{1}{r+2\Delta r} - \frac{1}{r+3\Delta r}\right) + \cdots \left(/ - \frac{1}{\infty}\right)\right]$$

斜線部
打ち消し合う！

$$= \frac{q}{4\pi\varepsilon_0}\left(\frac{1}{r} - \frac{1}{\underline{\infty}}\right)$$

0のことだね！

$$\therefore W_{r\to\infty} = \frac{1}{4\pi\varepsilon_0} \cdot \frac{q}{r} \text{〔J〕}$$

$x = \infty$ での絶対電位を 0 V とし，$x = r$ での電位を V〔V〕とすると，単位正電荷を無限遠から $x = r$ まで運ぶのに要する仕事は，電位差が V〔V〕より，

$$W = 1 \times V \qquad \therefore \quad V(r) = \frac{1}{4\pi\varepsilon_0} \cdot \frac{q}{r} \text{〔V〕}$$

となります。積分を用いて求めたときと同じ答えがでます。

04 コンデンサー (condenser, capacitor)

物体には，電気を蓄める物体と電気を蓄めない物体があります。普通，電気は蓄められないエネルギーといわれていますが，コンデンサーとは，まさに，電気を蓄める装置です。

かつては，大容量の電気を蓄めることができるコンデンサーを作るのは難しかったのですが，最近では，驚くほど大容量のコンデンサーもできています。

ヨーロッパなどではコンデンサーとよばれる電気部品ですが，アメリカではキャパシターとよぶほうが一般的です。

電気を蓄められるものと蓄められないもの

物体には，電気を蓄められるものと蓄められないものがあります。静電気のところでみてきたように，摩擦により静電気を起こしても，すぐに電気が逃げてしまうものの場合，電気を蓄めておくことができません。このように電気をよく逃がしてしまう物体，すなわち電気をよく通す物体を**導体**といいます。金属などがそうです。一方，電気をしっかり蓄めておける物体，すなわち電気を通しにくい物体を**不導体（絶縁体）**といいます。ただし，完全な導体や，完全な絶縁体は存在せず，電気の伝え方に種々の程度があり，中間のものを**半導体**とよんでいます。

金属は導体です。金属は，金属原子が金属結合を行っています。金属原子は，すべての電子を金属の原子核に束縛しているのではなく，束縛をしていない電子もあります。この電子は金属内部を自由に動くことができるので**自由電子**とよんでいます（図４－１）。

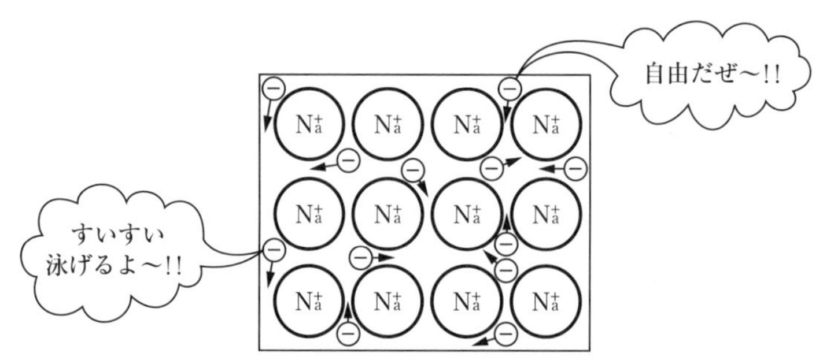

図4－1　金属ナトリウムの結晶（自由電子が存在する）

一方，ガラスやエボナイトは，**不導体（絶縁体）**です。不導体のなかの電子は原子や分子に束縛され自由に移動することができないので，電気を伝えにくいわけです。このような電子を**束縛電子**とよびます（図4－2）。

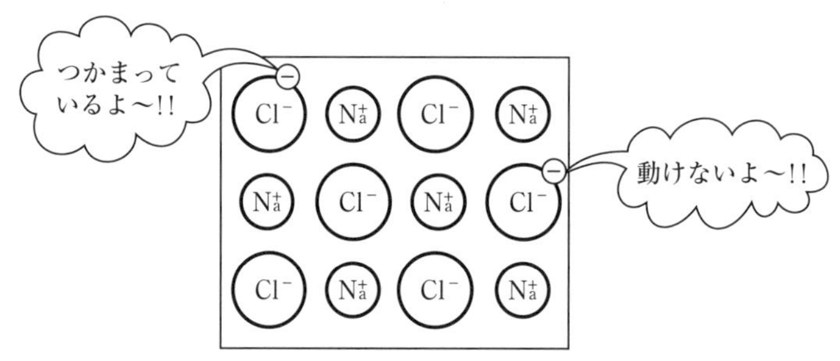

図4－2　食塩の結晶（電子は原子に束縛されて自由に動けない）

導体の静電誘導

金属に帯電体を近づけると，どうなるでしょうか？

例えば，正に帯電した物体を近づけてみます。

金属の左側から，正に帯電した帯電体を近づけると，金属の左側では，帯電体の正電荷に引かれて負電荷が現れ，右側では，帯電体の正電荷に反発されて正電

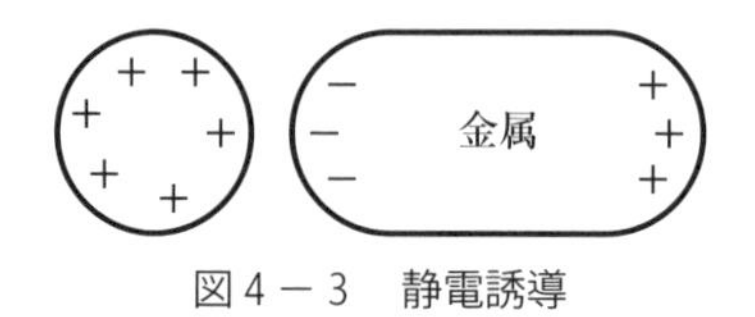

図4－3　静電誘導

荷が現れると答えてもいいです。

しかし，電子の過不足を用いて説明するとどうなるでしょうか？

図４－３のように正に帯電したものを金属に近づけると，もともとは電気的に中性だった金属の自由電子が，帯電体側に引きつけられ負に帯電します。逆に帯電体から遠い側では，その分だけ自由電子が不足し正に帯電すると説明することができます。

このように，もともと電気的に中性だったものに，正負の電荷の偏りが生じることを**静電誘導**といいます。

誘電分極

導体の静電誘導は，自由電子の移動で説明が簡単にできました。それでは，不導体では，どうなるのでしょうか？

わたぼこりは，導体ではなく，不導体です。わたぼこりは相手が正に帯電した場合でも，負に帯電した場合でも引き寄せられます。不導体に，帯電体を近づけると，不導体の帯電体に近い側の表面に，異種の電気が現れ，両者が互いに引き合うからです。

不導体では，電子は原子や分子から離れて自由に動きまわることはできません。しかし帯電体の静電気力を受けて，図４－４のように，原子や分子の電子配置がかたよります。このように不導体に生じる静電誘導の例を**誘電分極**といいます。このため，不導体を**誘電体**とよびます。

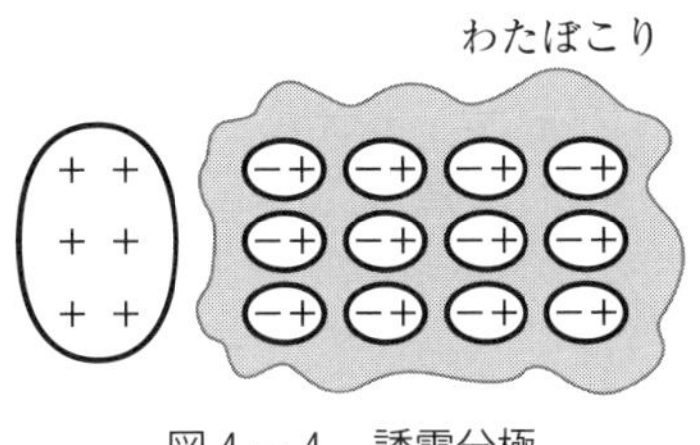

図４－４　誘電分極

電場内に置かれた導体

電場内に導体を置くと，静電誘導により導体の内部では，自らの正電荷から負電荷へ向かう向きの電場が生じます。この電場の向きは，外部電場と逆向きで，外部の電場を打ち消すことになります。結局，全体として導体内部のいたるところで，$E = 0$ となります（図４－５）。

このように導体内部に電気力線が入らない，つまり電場が入らないことを**静電遮蔽**（しゃへい）あるいは**シールド**といいます。雷のときに自動車の中にいると，図４－６のようにシールド効果があって安全です。

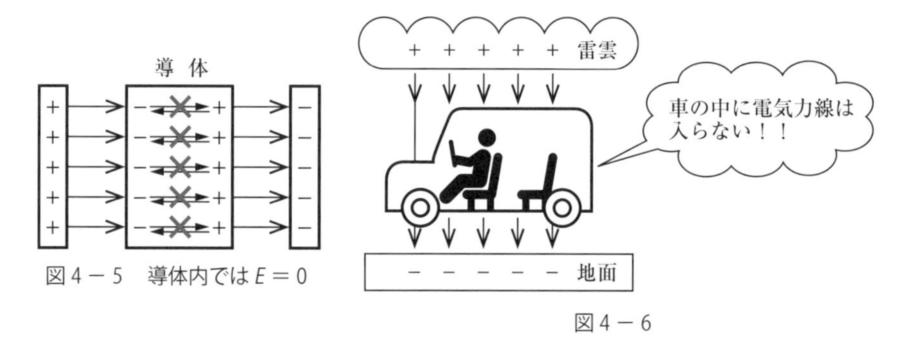

図４－５　導体内では $E = 0$

図４－６

精密な測定器は外部電場の影響を受けるのを防ぐため，金属の箱に入れます。テレビアンテナなどの電線もノイズが入らないようにシールド線となっています。

電気容量

長い絶縁棒で支えた金属球や，地球のように孤立した導体球に＋ Q〔C〕の電荷を与えた場合の，導体球表面およびそのまわりの電場の状態を考察してみましょう。

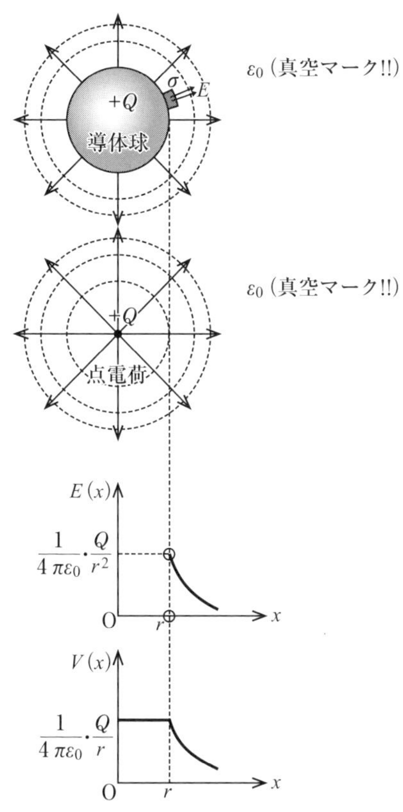

図４－７　導体球の表面とまわりの電場

導体表面に＋ Q〔C〕の電荷が一様に広がっているとします。導体球の半径を r〔m〕とした場合，この導体球から放出される電気力線の本数 N〔本〕は，次のように考えます。

太陽を地球の位置から観測すれば，大きな球体にみえますが，宇宙の遠くから太陽を観測すれば点にしかみえないのと似たイメージで考えてください。すると，ある点に Q〔C〕の点電荷があると考えると $N = \dfrac{Q}{\varepsilon_0}$〔本〕となります。したがって，電場 E は，$E = \dfrac{N}{S} = \dfrac{Q}{\varepsilon_0 S} = \dfrac{1}{4\pi\varepsilon_0} \cdot \dfrac{Q}{r^2}$ となります。このようなことから，電位についても，導体球の表面および外部では，

$$V(x) = \frac{1}{4\pi\varepsilon_0} \cdot \frac{Q}{x} \quad (ただし，x \geqq r)$$

となることがわかります。ここで，導体球の半径を r〔m〕，電荷を $+Q$〔C〕とすると，導体球の表面，つまり導体球自身の電位 V〔V〕は，

$$V = \frac{1}{4\pi\varepsilon_0} \cdot \frac{Q}{r} = \frac{Q}{4\pi\varepsilon_0 r}〔V〕$$

となります。導体球について r は定数なので，V は Q に比例することがわかりますね。ところで，$C = 4\pi\varepsilon_0 r$ とおいてみると，

$$Q = CV = 4\pi\varepsilon_0 r \cdot V$$

となり，C は導体球についての定数となります。この C を導体球の**電気容量**といいます。

導体球の場合は，電気容量 C は，球の半径に比例したわけです。

電気容量の単位は〔F〕（**ファラド**）を用います。1 F は，1 C の電荷を与えると 1 V だけ電位が上がる導体の電気量と定義します。そうすると，$1\,\mathrm{F} = \frac{1\,\mathrm{C}}{1\,\mathrm{V}}$ $= 1\,\mathrm{C/V}$　となります。

ところで，実は〔F〕という単位はとても大きな単位です。仮に地球と同じ大きさの導体球があった場合の電気容量は $C = 4\pi\varepsilon_0 R$ です。この電気容量の値を求めてみましょう。地球半径は $R = 6.4 \times 10^6$ m，$\frac{1}{4\pi\varepsilon_0} = 9.0 \times 10^9$ なので，

$C = \frac{6.4 \times 10^6}{9.0 \times 10^9} = 7.1 \times 10^{-4}$ F　となります。地球ほどのとてつもなく大きなコンデンサーがあっても，その電気容量はたった 10^{-4} でしかありません。そこで，普通は〔μF〕（マイクロファラド，$=10^{-6}$ F）や〔pF〕（ピコファラド，$=10^{-12}$ F）という単位を用います。

しかし，科学技術の進化は目覚ましく，最近では**電気二重層**を利用した**大容量コンデンサー**がつくられ，今では数100 F の製品も活躍しています。

平行板コンデンサー

2枚の金属板を平行に向かい合わせたコンデンサーを平行板コンデンサー（parallel plate capacitor）といいます。

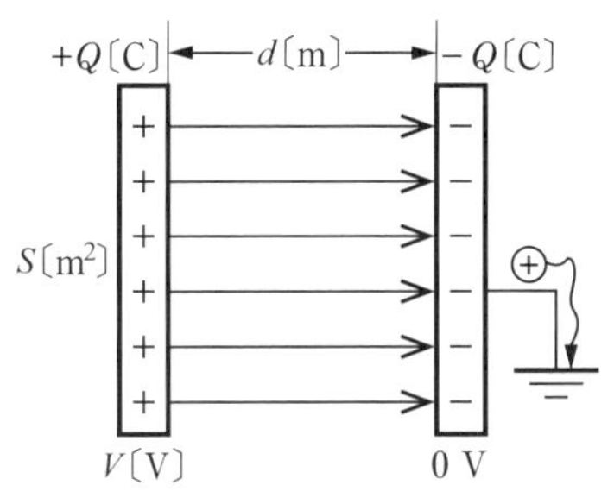

図4−8　平行板コンデンサー

極板間距離を d〔m〕，極板面積を S〔m^2〕とし，極板にそれぞれ＋ Q〔C〕，− Q〔C〕をあたえます。

最初，＋ Q〔C〕に帯電した極板と− Q〔C〕に帯電した極板が，空気中に単独で置かれているとします。これらを向かい合わせて，1組の平行板コンデンサーにしてみましょう。

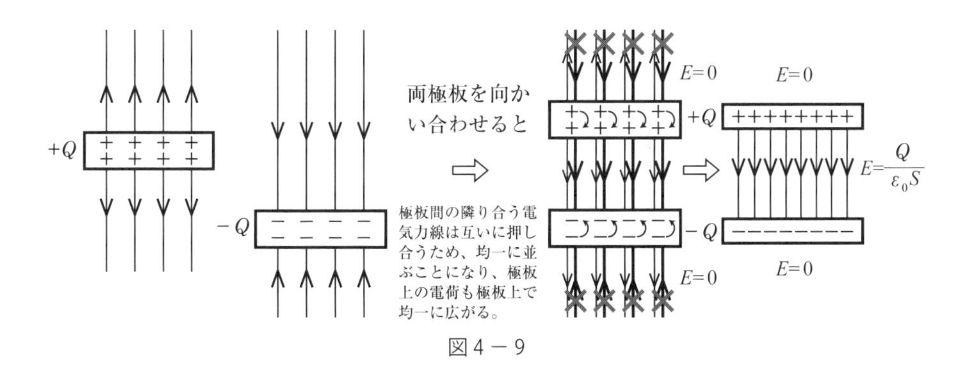

図4−9

このとき電荷は金属極板の上に一様に分布するので，電場の強さは，ガウスの法則を活用して，

$$E = \frac{Q}{\varepsilon_0 S}$$

となることがわかります。極板間の電位差 V は，$V = Ed$ なので，

$$V = Ed = \frac{Q}{\varepsilon_0 S}d = \frac{d}{\varepsilon_0 S}Q \quad \therefore Q = \varepsilon_0 \frac{S}{d}V = CV$$

以上から，このコンデンサーの電気容量 C は，

$$C = \varepsilon_0 \frac{S}{d} \text{〔F〕}$$

となります。

誘電体の挿入

地球ぐらいの大きさのコンデンサーをみても，$C = 7.1 \times 10^{-4}$ F しかありません。もっと多くの電気を蓄めるにはどうすればいいでしょうか？

そこで，誘電体という絶縁物質をコンデンサーの極板の間に入れます。その性質を ε_r（比誘電率）で表すと，誘電体を挿入したあとのコンデンサーの電気容量 C' は，

$$C' = \varepsilon_r C$$

で，チタン酸バリウム磁器のようなものを入れると5000倍ぐらいにすることができます（表4－1）。しかし，前述したように，現在では，もっと大きな容量をもつ電気二重層コンデンサーが利用されています。表4－1にみるように，空気の比誘電率は $\varepsilon_r \fallingdotseq 1$ なので，空気の誘電率は真空の誘電率と考えてよいです。

表4－1

物　　質	比誘電率
ガ　ラ　ス	5～16
チタン酸バリウム磁器	5000
白　雲　母	6.0～8.0
パ　ラ　フ　ィ　ン	1.9～2.4
水（20℃）	81.6
二　酸　化　炭　素	1.00096
空　　気	1.00059

（常温；気体は0℃，1 atm）

05 電流とオームの法則

電気といえば，誰もが電流のことやオームの法則は？と思いおこすことでしょう。いよいよお待ちかねのオームの法則です。電圧を *V*，電流を *I*，電気抵抗を *R* とすると，オームの法則は，*V* = *RI* と書けます。しかし，この電気抵抗の本質は何でしょう？　電気抵抗となる金属の原子は熱振動をしています。自由電子は，その原子をすり抜けてプラス極に達する達人というわけです。

電　流

導体の両端に電圧をかけると電流が流れます。この電流の値を求めてみましょう。導体の断面積を S〔m^2〕，長さを L〔m〕，1 m^3 あたりの自由電子数を n_0〔個 /m^3〕とします。この導体の両端に V〔V〕の電圧（電位差）をあたえると，自由電子が導体中を移動します。そのときの平均速度を $\bar{v}$〔m/s〕とします。この条件で，電流について考えてみましょう。

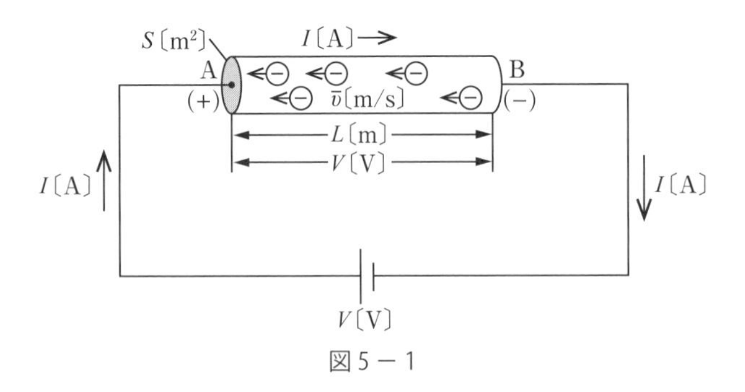

図 5 − 1

電流の定義は，ある断面を単位時間に通過する電気量です。したがって，導体を流れる電流を求めるためには，導体のある断面を1秒間に通過する電気量を求めればオーケーです。

導体中の総電子数 N は，$1\,\mathrm{m}^3$ あたりの自由電子数 n_0〔個/m^3〕に体積をかけたものなので，

$$N = n_0SL〔個〕$$

です。導体中の自由電子のもつ総電気量 Q は，自由電子1個の電荷が e〔C〕なので，

$$Q = eN = en_0SL〔\mathrm{C}〕$$

となります。これらの電荷のすべてが断面Aを通過し切るのに要する時間 t は $t = \dfrac{L}{\bar{v}}$〔s〕で，この時間内にB端にある自由電子はA端まで移動し，AB間の全ての電荷は断面Aを通過します。よって，導線ABを流れる電流はAからBの向きで，その大きさ I〔A〕は，

$$I = \frac{Q}{t} = \frac{n_0eSL}{L/\bar{v}} = n_0e\bar{v}S$$

$$\therefore I = n_0e\bar{v}S〔\mathrm{A}〕$$

となります。

ところで**1Aとは，1秒間にある断面を通過する電気量が1Cのときの電流の強さ**のことです。

$$1\,\mathrm{A} = \frac{1\,\mathrm{C}}{1\,\mathrm{s}} = 1\,\mathrm{C/s};\ 1\,\mathrm{C} = 1\,\mathrm{A} \times 1\,\mathrm{s} = 1\,\mathrm{A\cdot s}$$

電子の速さ

自由電子は，どのくらいの速度で移動しているのでしょうか？　光の速さと一緒？　つまり電場が伝わる速さというわけでしょうか？　いえいえ，実際に電子が動く速さは，ずっと遅いです。その速度を電子の**ドリフト速度**といいます。

導線としてよく利用される銅では，自由電子数は，$1\,\mathrm{m}^3$ あたりに約10^{29}個あります。銅に1Aを流した場合，その平均速度 $\bar{v}$ は，銅線の断面積を $S=0.5\,\mathrm{mm}^2$ とすると，$e=1.6\times10^{-19}\,\mathrm{C}$ なので，

$$\bar{v}=\frac{I}{n_0 eS}=\frac{1\,\mathrm{C/s}}{(10^{29}\mathrm{m}^{-3})\times(1.6\times10^{-19}\mathrm{C})\times(0.5\times10^{-6}\,\mathrm{m}^2)}$$

$$\fallingdotseq 1.2\times10^{-4}\,\mathrm{m/s}\fallingdotseq 1.2\times10^{-2}\,\mathrm{cm/s}$$

となります。このことから，導線を流れる自由電子の速度はきわめて遅いことがわかります。

オームの法則

いよいよオームの法則の出番です。導体の両端に電圧をかけた場合，その中の自由電子は導体中の電場により加速されます。この場合，導体にできる電場の大きさは，$E=\dfrac{V}{L}$〔V/m〕になります。この電場から電荷 e の自由電子は，

$F=eE=e\dfrac{V}{L}$〔N〕の力を受けます。

しかし図5－2に示すように，自由電子は，金属の分子・原子の振動により抵抗力を受けます。抵抗力 f〔N〕は，速度 v〔m/s〕に比例するので，

$$f=kv$$

となります。ここで，電子の質量を m とすると，運動方程式（(質量）×（加速度）＝（力))は，電子の速度が一定で加速度運動をしないことから，

$$ma=F-f=e\frac{V}{L}-kv=0$$

$$\therefore v=\frac{eV}{kL}\text{〔m/s〕}$$

となります。

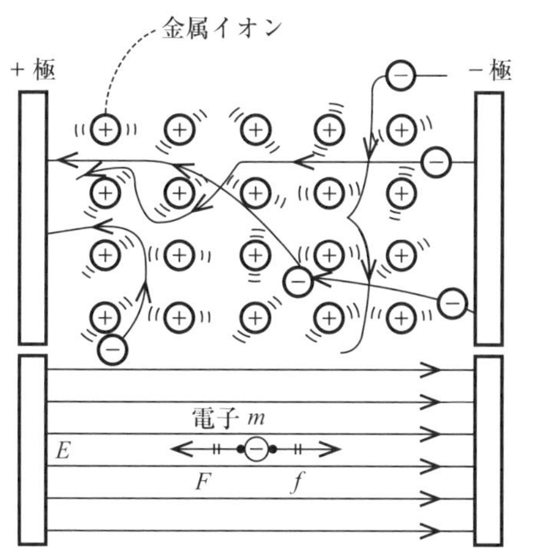

図５－２　導体内で抵抗力を受ける自由電子

ところで電流 I〔A〕は，$I = n_0 evS = n_0 e \dfrac{eV}{kL} S = \dfrac{n_0 e^2}{k} \dfrac{S}{L} V$ と書けたので，

電圧は，

$$V = \frac{k}{n_0 e^2} \frac{L}{S} I \text{〔V〕}$$

となります。ここで，

$$R = \frac{k}{n_0 e^2} \frac{L}{S} \text{〔Ω〕}$$

とおくと，$V = RI$ となります。

物質の電気抵抗率

抵抗 R の式において，$\rho = \dfrac{k}{n_0 e^2}$ とおくと，

$$R = \rho \frac{L}{S} \text{〔Ω〕}$$

となります。このとき ρ を物質の**抵抗率**（比抵抗）といい，単位は〔Ω･m〕を

用います。また，抵抗率の逆数を**電気伝導率** σ $\left(=\dfrac{1}{\rho}\right)$〔$\Omega^{-1}\cdot m^{-1}$〕，あるいは**電気伝導度**や**導電率**といいます。導体の抵抗率は，10^{-8} Ω·m 程度です。

非オーム抵抗

白熱電球を点灯すると，電球の温度が上がり，実は抵抗値も大きくなります。このように抵抗の値が変化する抵抗を，非オーム抵抗といいます。その他にもニクロム線なども，目でみてそのことがわかります。つまり抵抗値は，温度が変化しても一定というわけでなく，一般に，温度が高くなると大きくなる傾向があります。しかし半導体では，逆に減少します。その理由を考察してみましょう。

抵抗の原因を，再度，整理してみましょう。大きく次の2つのことが影響します。

①電流が金属などの導体を流れるとき，自由電子は金属イオンの間をぬうように移動します。高温になると，陽イオンの熱振動が激しくなり，電子が通り抜けるのをじゃまするようになり，抵抗値が増大します。

②物体が高温になると，熱振動が激しくなり，分子・原子のまわりに束縛されていた電子が解放されます。そのため物体内の自由電子数 n が増え，抵抗値が小さくなります。一般に金属では n は不変ですが，半導体では熱励起（thermal excitation）が起こり自由電子数が増えます。その結果，電流が流れやすくなります。

さて一般に，導体の抵抗率は，図5－3のように，温度に対してほぼ直線的に増加します。

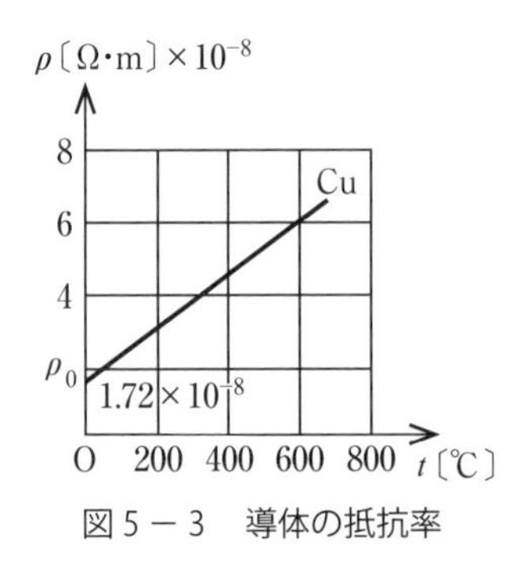

図5－3　導体の抵抗率

0℃のときの抵抗率をρ_0，t〔℃〕のときに抵抗率をρとすると，

$$\rho = \rho_0 \ (1 + \alpha t)$$

と書けます。ここで**α**は**温度係数**といい，単位は〔1/K〕です。

0℃での抵抗をR_0とし，t〔℃〕のときに抵抗をRとすると，

$$R = R_0 \ (1 + \alpha t)$$

導体ではαは正，半導体ではαは負となります。

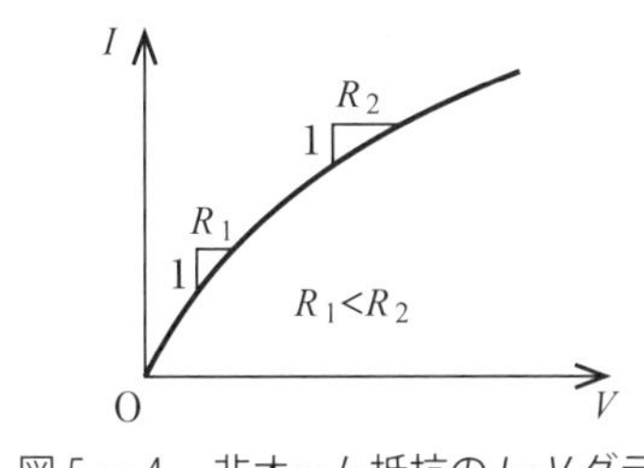

図5－4　非オーム抵抗のI-Vグラフ

超伝導

これまでにみてきたように，金属の抵抗は温度が上がると大きくなりますが，温度が下がると小さくなります。ところで，ある金属では，特定の温度以下になると，急に抵抗値が0になってしまうものがあります。この現象を**超伝導**（superconductivity）といいます。カマリング・オンネス（オランダ）が，1911年に，水銀をヘリウムで冷やして電気抵抗を測定したところ，約4.2Kで電気抵抗が急に0になることを発見しました。超伝導が生じるときの温度を**臨界温度**といいます。

超伝導状態では，電気抵抗が0なので，電流は減衰することなく永久に電流が流れます。また，超伝導体の上で磁石を浮かすことができますが，これは磁石からの磁束が超伝導体内部に入らないからです。これを**マイスナー効果**といいます（図5－5）。

図5－5　浮いている磁石（マイスナー効果）

電流密度

最後に物理学では，よく利用される考え方に，**電流密度**（current density）というものがあります。電流密度とは，単位面積あたりの電流で，i で表します。つまり，

$$i = \frac{I}{S}$$

となります。

ところでオームの法則 $V = RI$ より，

$$V = RI = \rho \frac{L}{S} I \quad ; \quad \frac{V}{L} = \rho \frac{I}{S} = \rho i$$

すなわち，

$$E = \rho i \quad ; \quad i = \frac{1}{\rho} E = \sigma E \quad \therefore \quad i = \sigma E$$

となります。この $i = \sigma E$ が，一般化されたオームの法則です。

06 直流回路

前章で，電流とオームの法則について紹介しましたが，それでは電流を流し出す装置は何でしょうか？　その代表選手は電池です。いまでは，いろいろな電池があります。電池からは，直流電流が流れ出します。本章では，直流のいろいろな回路についてみてみましょう。

電　池

電池とは，直流電流を流し出す装置です。電池は読んで字のごとく，池が必要です。電解液という溶液がもともとは必要だったというわけです。いまでは，液がじゃぶじゃぶするような電池ではなく，乾電池となっていますが，それでも，少量の電解液は必要です。

電池の歴史をみると，表６－１に示すような「ボルタ電池」，「ダニエル電池」などが発明され，やがて進化をとげていき，いまでは，リチウムイオンバッテリーなどが蓄電池として活躍しています。

表6－1　電池の種類と極での変化

名称［起電力〔V〕・内部抵抗〔Ω〕］ （＋）　構　　造　（－）	極での変化 ｛負極……電子生産、酸化 　　　　　　　正極……電子消費、還元
ボルタ電池［約1.1・—］ （＋）Cu｜H_2SO_4｜Zn（－）	負極；$Zn \rightarrow Zn^{2+}+2\,e^-$ 正極；$2\,H^++2e^- \rightarrow H_2\uparrow$
ダニエル電池［1.06～1.09・約4］ （＋）Cu｜$CuSO_4$｜$ZnSO_4$｜Zn（－） （H_2SO_4）	負極；$Zn \rightarrow Zn^{2+}+2\,e^-$ 正極；$Cu^{2+}+2\,e^- \rightarrow Cu$ 希$ZnSO_4$（またはH_2SO_4）と飽和$CuSO_4$とは素焼きの円筒でへだてられている。
ルクランシェ電池［1.5・0.25～4］ （＋）C｜MnO_2+C｜NH_4Cl｜Zn（－）	負極；$Zn+4\,NH_4^+ \rightarrow [Zn(NH_3)_4]^{2+}+4\,H^++2\,e^-$ 正極；$4\,H^++4\,e^-+3\,MnO_2 \rightarrow Mn_3O_4+2\,H_2O$
乾電池［1.5・0.25～4］	電解液NH_4Cl溶液にデキストリンなどを加えて溶液の流動を防いだルクランシェ電池
鉛蓄電池［2.0・微小0.02程度］ （＋）PbO_2｜H_2SO_4｜Pb（－）	負極；$Pb+SO_4^{2-} \rightarrow PbSO_4\downarrow+2\,e^-$（**充電可；2次電池**） 正極；$PbO_2+4\,H^++SO_4^{2-}+2\,e^- \rightarrow PbSO_4\downarrow+2\,H_2O$

最近ではお茶の間でもできるような電池の実験があります。レモン電池などがそうです。

これら①から④の実験では，微力な発電ででも使えるものの代表の電子メロディーやLEDを使って，発電を確認してみましょう。省電力の代表のLEDではありますが，電子メロディーの方が，もっと，少ない発電量でも利用可能です。

ぜひ，発電実験にトライしてみてください。

①レモン電池

レモン電池とは，まさに読んで字のごとく，レモンの液汁が電解液として利用された電池です。具体的には，レモンの果実面をアルミ箔(はく)に接触させ，これにフォークなどをさして作ります。アルミ箔がマイナス極，フォークがプラス極となります。微力なパワーの電池なので，LEDを点灯するためには，4個程度以上を直列接続する必要があります。

②ステンレス製のスプーン電池・フォーク電池・食器電池

ステンレス製のスプーンやフォーク，食器に，食塩水をしみ込ませたティッシュペーパーを巻きつけ，さらに上からアルミ箔を巻いた簡単な電池です。このとき，スプーン，フォーク，食器と，アルミ箔が接触するとショートするので注意します。こちらも微力なパワーの電池なので，電子メロディーを鳴らすにも，4個程度直列に接続する必要があります。LEDとなると，やはり5個程度以上は必要です。

③鉛筆の芯電池

鉛筆の芯を炭素電極とした空気電池です。鉛筆の芯に食塩水をしみ込ませたティッシュペーパーを巻き，その上からアルミ箔をショートしないように巻くと完成です。やはり，４本程度以上で，電子メロディーが鳴ります。

④備長炭電池

この手の電池で，一番パワーがある電池です。備長炭に食塩水をしみ込ませたティッシュペーパーを巻き，その上からアルミ箔をショートしないように巻きます。備長炭のかけらだけで電池を作っても，１個で電子メロディーが鳴るという優れものです。

電池の起電力と内部抵抗

電池のプラス極とマイナス極をつないだ回路を組むと，電流は，電池のプラス極側からマイナス極側に向かって流れます。さらに電池の中をマイナス極から電解液へと流れ，プラス極へと一巡します。このとき自由電子は，電流の向きとは逆に，マイナス極側からプラス極側に流れます。

電池の内部をもう少し詳しくみると，マイナス極，界面，電解液，界面，プラス極と電流が流れ，それぞれの箇所に抵抗があります。これらを合わせて**内部抵抗**といいます。なお，電極の抵抗は小さいです。

これらのことから，電池は，**起電力** E と**内部抵抗** r によって表します。電池の両極間の電圧を**端子電圧** V といいます。

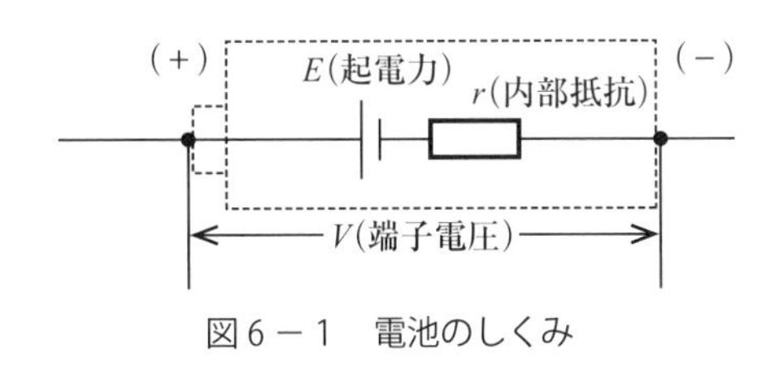

図６－１　電池のしくみ

さて，図６－２のような回路を組んだ場合について考えてみましょう。

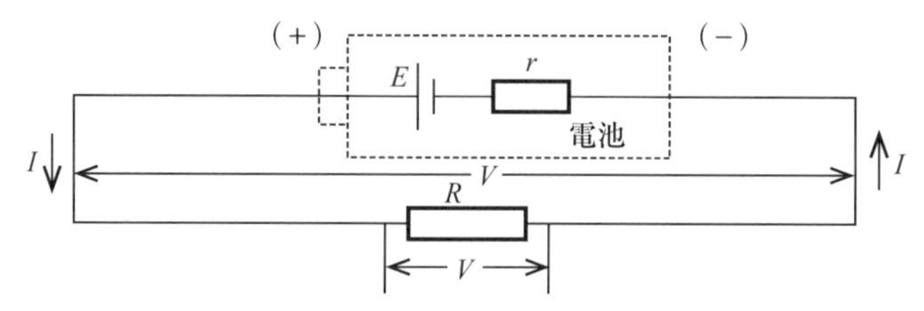

図６－２　外部負荷をつないだ直流回路

オームの法則により，回路に流れる電流 I〔A〕は，

$$E = (R + r)\ I \qquad \therefore\quad I = \frac{E}{R + r}〔\mathrm{A}〕$$

となります。ところで，端子電圧 V〔V〕と外部抵抗 R〔Ω〕のあいだには，

$$V = RI〔\mathrm{V}〕$$

の関係がありますので，

$$E = (R + r)\ I = RI + rI = V + rI$$

つまり，下の式のようになります。

$$\therefore\quad V = E - rI$$

（端子電圧）＝（起電力）－（内部抵抗による電圧降下）

なお，導線は抵抗を０とみなすので，導線上では電位差を生じないとします。

この回路の外部抵抗をスライド抵抗（すべり抵抗ともいう）に変えて，電池の両端の端子電圧 V と回路を流れる電流 I を測定したところ，図６－３の V-I グラフが得られました。

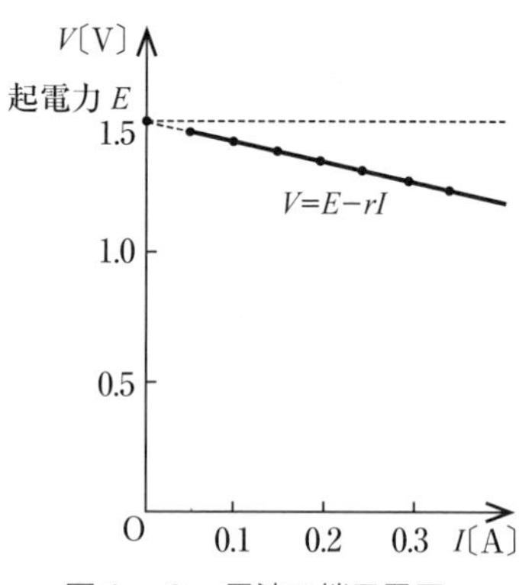

図６－３　電池の端子電圧

電池の起電力Eは，電流Iが0のときの端子電圧に等しく，V-IグラフのV切片の値ということです。

キルヒホッフの法則（Kirchhoff）

少し電気回路をたしなんだということで，図6－4の回路の各部分を流れる電流の値を求めてみましょう。

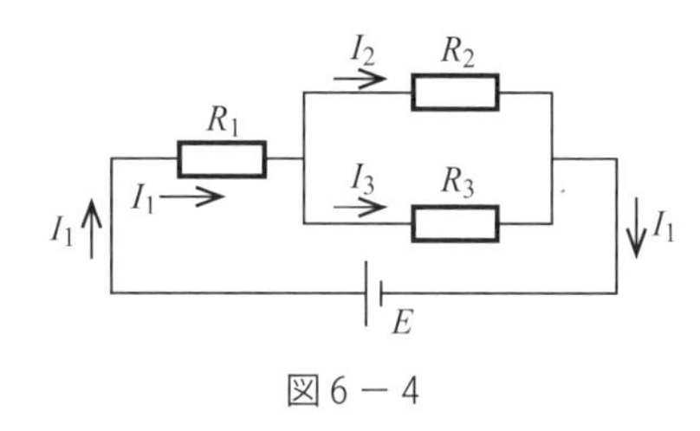

図6－4

この問題を解くのに，合成抵抗Rを求めてみると，

$$R = R_1 + \frac{1}{\dfrac{1}{R_2} + \dfrac{1}{R_3}} = R_1 + \frac{R_2 R_3}{R_2 + R_3} = \frac{R_1 R_2 + R_1 R_3 + R_2 R_1}{R_2 + R_3}$$

となるので，各電流値は，

$$I_1 = \frac{E}{R} = \frac{(R_2 + R_3)\ E}{R_1 R_2 + R_2 R_3 + R_3 R_1},$$

$$I_2 = \frac{R_3 E}{R_1 R_2 + R_2 R_3 + R_3 R_1},\quad I_3 = \frac{R_2 E}{R_1 R_2 + R_2 R_3 + R_3 R_1}$$

となります。

ところで，図6－5の回路の場合は，どのようにすればよいのでしょうか？

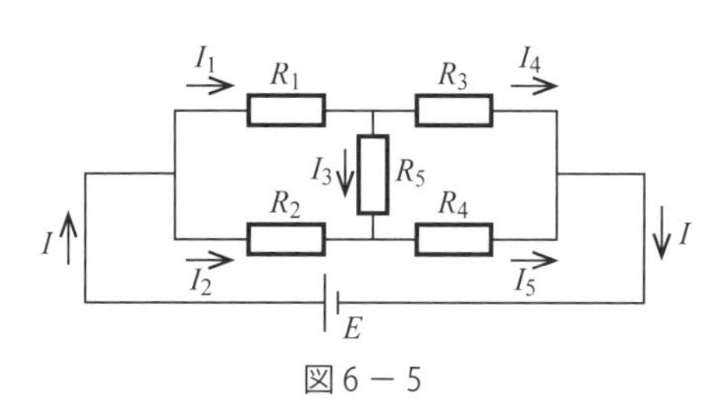

図6－5

困りましたね。この問題は，合成抵抗を求めるのも難しく，簡単には解けません。そこで救いの神が**キルヒホッフの法則**というわけです。

キルヒホッフの法則は，次の第１法則と第２法則とからなります。

①キルヒホッフの第１法則

導線が１点で交わるとき，その点に流入する電流の和と，流出する電流の和は等しい。

図６－６のような回路の一部分があり，点Ｐで接続されているとします。点Ｐに電流を蓄えることはできないので，点Ｐに流入する電流の総和は，点Ｐから流出する電流の総和に等しくないといけません。

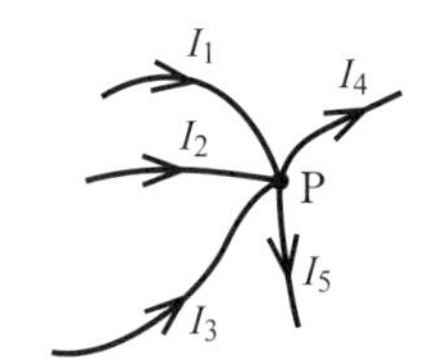

図６－６　キルヒホッフの第１法則

（流入する電流の和）＝（流出する電流の和）

$$I_1 + I_2 + I_3 = I_4 + I_5$$

流入する電流を正，流出する電流を負とすると，会合点Ｐでの電流の代数和は０となります。これが，第１法則というわけです。

$$I_1 + I_2 + I_3 + (-I_4) + (-I_5) = 0$$

$$\Sigma I = 0$$ （キルヒホッフの第１法則）

②キルヒホッフの第２法則

回路網（network）中の任意の閉回路（網目，mesh）内において，一定の向きにたどった起電力の総和は，同じ向きに生じる電圧降下の総和に等しい。

図６－７の回路について，電池Ｅの向きを正として，回路を一巡してみましょう。

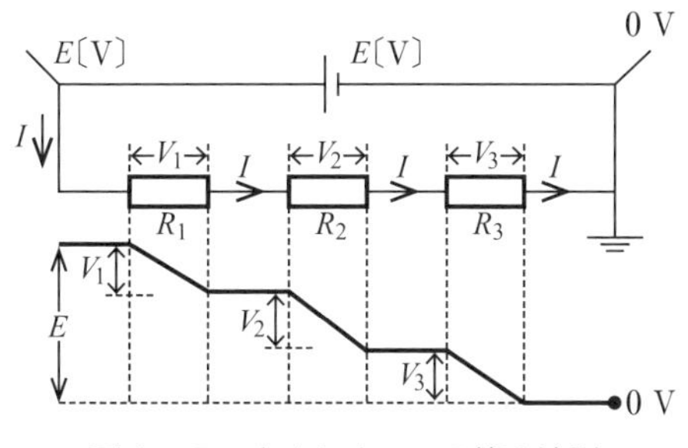

図６－７　キルヒホッフの第２法則

４つの抵抗での電圧降下の和が起電力に等しいということを数式で表すと，次のようになります。

$$V_1 + V_2 + V_3 = E$$

$$R_1 I + R_2 I + R_3 I = E$$

（電圧降下の和） ＝ （起電力の和）

ところで，一般的な回路では，電流の流れる向きはまちまちなので，任意の向きを決め，「回路をたどる向き」と決めます。

回路をたどる向きと同じ向きの電流を正とすると，同じ向きの電圧降下は正となり，逆向きの電圧降下は負となります。

以上を踏まえて，図６－８についてみてみましょう。

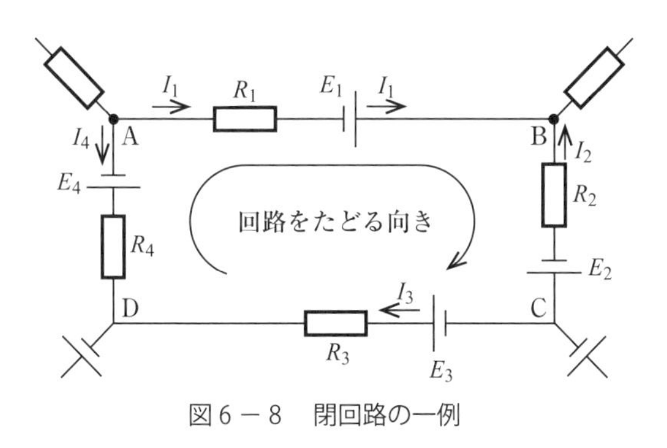

図６－８　閉回路の一例

この回路 A → B → C → D は閉回路で，点 A での電位を V_A とすると，回路を１周たどって，再び点 A に戻ってくると，電位は V_A に戻ります。このことを数式で表現すると，

$$V_A - R_1I_1 + E_1 + R_2I_2 + E_2 + E_3 - R_3I_3 + R_4I_4 - E_4 = V_A$$

$$- R_1I_1 + E_1 + R_2I_2 + E_2 + E_3 - R_3I_3 + R_4I_4 - E_4 = 0$$

$$E_1 + E_2 + E_3 - E_4 = R_1I_1 - R_2I_2 + R_3I_3 - R_4I_4$$

（起電力の総和）　　（電圧降下の総和）

$$\Sigma E = \Sigma RI$$　（キルヒホッフの第２法則）

つまり，起電力の総和は，電圧降下の総和に等しいという第２法則の数式表現です。

ホイートストン・ブリッジ（Wheatstone bridge）

電信が開発され，電気抵抗の正確な値が必要となりました。しかし，電流計・電圧計には内部抵抗があるため，正確な抵抗値の測定は不可能なわけです。ホイートストンは，それが可能な回路を実用化しました。図６－９の回路です。検流計Ｇのふれを０としたとき，４つの抵抗 R_1，R_2，R_3，R_4 の間に $R_1R_4 = R_2R_3$ が成り立ちます。

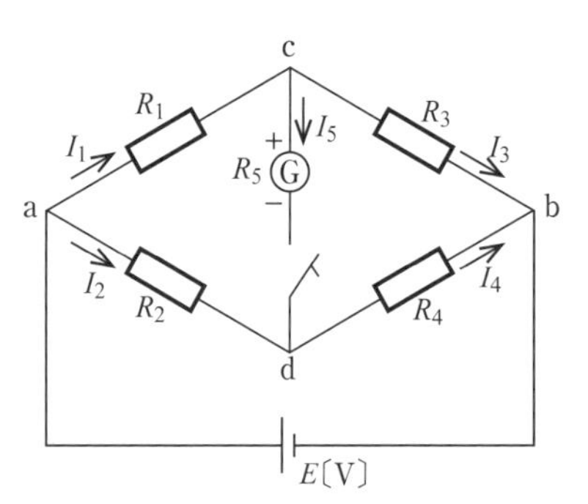

図６－９　ホイートストンブリッジ

検流計Ｇの内部抵抗を R_5 とし，$I_5 = 0$ のとき，$I_1 = I_3$，$I_2 = I_4$ かつ R_1I_1

$= R_2I_2$，よって $R_3I_1 = R_4I_2$　$\therefore \dfrac{R_1}{R_2} = \dfrac{R_3}{R_4}$ となります。

かりにR_3を未知抵抗とすると，$\dfrac{R_1}{R_2}=\dfrac{R_x}{R_4}$　　$\therefore R_x=\dfrac{R_1}{R_2}R_4$

のように未知抵抗の値を求めることができます。

電位差計（Potentiometer）

電池から電流が流れ出すとき，内部に化学変化が生じます。この変化は一般に不可逆変化なので，電流を流すと電池の起電力を正しく測定できません。そこで，次のような回路を組んで，電池の起電力の測定にトライしてみましょう。

図6－10のように，電池Eは補助電池として，さらに標準電池E_Sを利用する回路を組み，未知の電池E_xの起電力を求めてみましょう。

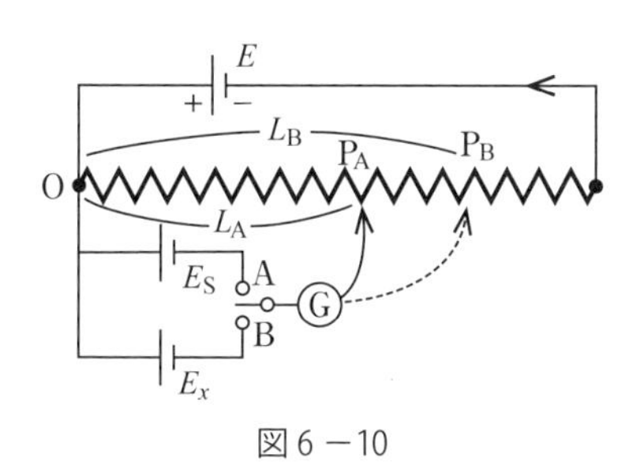

図6－10

図の切り替えスイッチをAにしたとき検流計を0にする接点の位置をL_A，切り替えスイッチをBにしたときの接点の位置をL_Bとすると，電圧降下を比例の考えを用いて求めると，

$$E_S=\frac{L_A}{L_0}E,\ \ E_x=\frac{L_B}{L_0}E$$

となります。よって

$$\frac{E_x}{E_S}=\frac{L_B}{L_A}\qquad\therefore\ E_x=\frac{L_B}{L_A}E_S$$

となり，起電力が未知の電池の起電力を求めることができます。

電流計の分流器

電流計は回路に直列に接続し，電圧計は回路に並列に接続します。

電流計の指針がふれるのは，磁場の中に置かれたコイルに電流が流れて，コイルが磁場から力を受けるからです。ところが，このコイルに強い電流を流すとコイルが焼き切れてしまいます。ですので，ミリアンペア程度の電流しか流せないというわけです。そこで，電流計の最大目盛がI_0〔A〕ならば，I_0〔A〕以上の電流を別の抵抗に流せばよいということになります。これを**分流器**とよびます。

電流計の内部抵抗をr_A〔Ω〕，分流器の抵抗をR〔Ω〕とすると，$R = \frac{r_A}{m-1}$〔Ω〕の分流器を並列に接続すれば，最大mI_0〔A〕の電流まで測定できることがわかります。

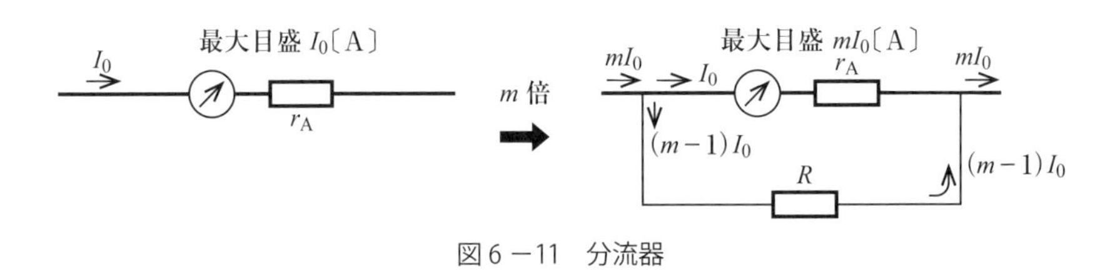

図6－11　分流器

ところで，どうして分流器は$R = \frac{r_A}{m-1}$となるのでしょうか。分流器は主回路に並列に入れるので，$R\ (m-1)\ I_0 = r_A I_0$となります。この式を整理すると，$R = \frac{r_A}{m-1}$というわけです。

電圧計の倍率器

最大目盛 V_0〔V〕，内部抵抗 r〔Ω〕の電圧計に V_0 以上の電圧がかかると，コイルは焼き切れてしまいます。そこで，それ以上の電圧は別の部分にかけるようにするとより大きな電圧が測定できるようになります。このような抵抗を**倍率器**とよびます。

電圧計の内部抵抗を r_V〔Ω〕，倍率器の抵抗を R〔Ω〕とすると，

$$V_0 = r_V I,\quad (m-1)\,V_0 = RI \qquad \frac{(m-1)\,V_0}{V_0} = \frac{RI}{r_V I}$$

したがって，$R = (m-1)\,r_V$〔Ω〕の分流器を直列に接続すれば，最大 mV_0〔V〕の電圧まで測定することができます。

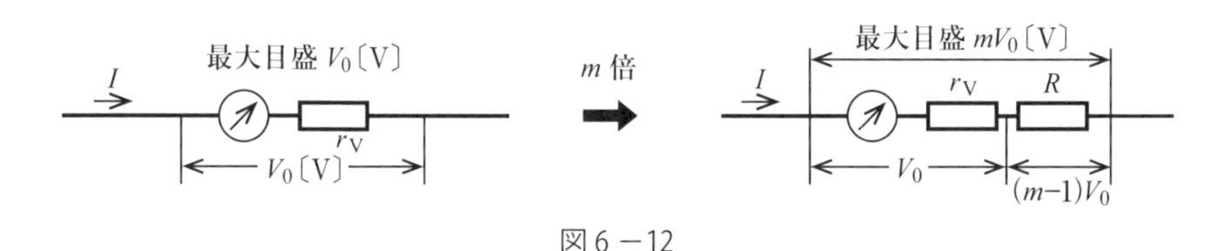

図6 －12

テスターの原理

最大目盛が I_0〔A〕，内部抵抗が r_A〔Ω〕の電流計の端子間には最大どれだけの電圧をかけることができるでしょうか？　その答えは $r_A I_0$〔V〕です。ですので，電流計の目盛の上に電圧を示す目盛を書き加えれば，電流計で電圧が測れることになります。

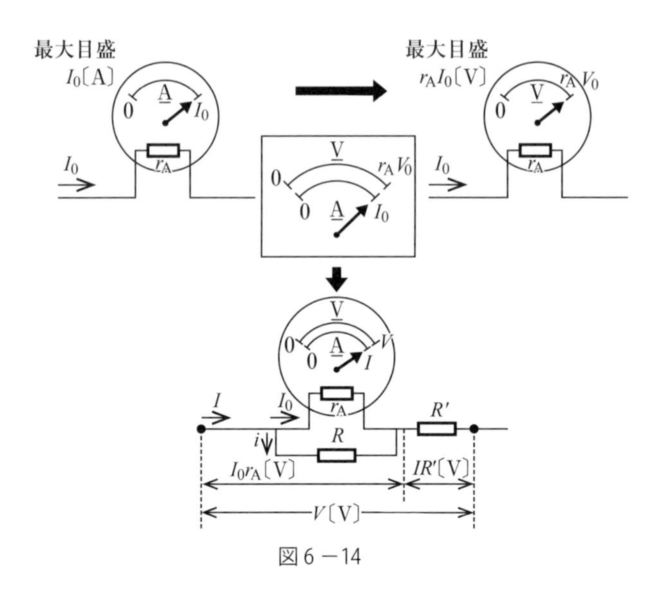

図6－14

ところで，一般に電流計の内部抵抗は小さいため，回路に並列に入れると，主回路の抵抗値よりも小さくなり，電流計側に多くの電流が流れてしまいます。そこで倍率器も入れるようにします。このようにして**テスター**として利用することができるわけです。

図6－14のテスターでは，

最大電流 $\dfrac{R + r_A}{R} I_0$〔A〕，

最大電圧 $\dfrac{Rr_A + RR' + R'r_A}{R} I_0$〔V〕

まで測定することができます。

コラム　最大電流，最大電圧を求めてみよう！

最大電流は，

$$I_0 r_A = Ri \qquad i_0 = \frac{r_A}{R} I_0$$

なので，

$$I = I_0 + i = I_0 + \frac{r_A}{R} I_0 = \frac{R + r_A}{R} I_0$$

となります。一方，最大電圧は，

$$V = r_A I_0 + R'I = r_A I_0 + R' \frac{R + r_A}{R} I_0 = \frac{Rr_A + RR' + R'r_A}{R} I_0$$

となることがわかります。

07 電流と熱

冬の寒いとき，電気ポットは，本当に心をなごませてくれます。ちょっとカップ麺（めん）をつくるのに湯を沸かしたり，コーヒーを入れてみたり。私たちは電気エネルギーの恩恵を受けています。電気エネルギーは電力量という概念で説明されます。

電力（electric power）

私たちは，電気を使っていろいろな仕事をします。なので，電気のエネルギーがあることは実感しています。物理学的な仕事を考えるときには，仕事率と仕事という概念があります。電気のエネルギーの場合には，仕事率には電力が，仕事には電力量が対応します。

それでは電力についてみていきましょう。導体の両端に電池を接続すると，導体の両端には電位差が生じ，導体内部には強さが E〔N/C〕の一様な電場が生じます。この導体内の電荷は平均速度 v〔m/s〕で移動します。このとき，**定常電流**が流れていることがわかります。

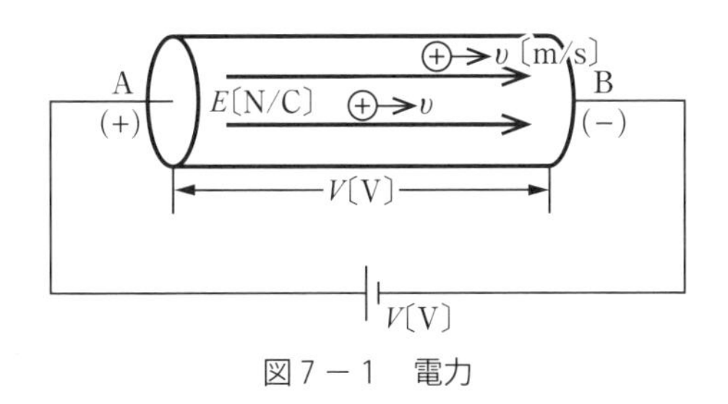

図7－1　電力

電場に逆らって，＋1Cの電荷を運ぶのに要した仕事が1Jのとき，起点と終点の間の電位差が1Vです。これが1Vの定義です。

逆にこの電荷が1Vの電位差の2点間ABを電場の方向に移動すれば，電荷の平均速度が一定のため，運動エネルギーの増加がないので，電荷は外部へ1Jの仕事を放出することになります。Q〔C〕の電荷が，電位差V〔V〕の2点間ABを移動する場合，この電荷が外部へ放出する仕事W〔J〕は，

$$W = QV \text{〔J〕}$$

となります。点Aから点Bまでの経過時間をt〔s〕とすれば，電荷が1秒あたり放出する仕事，つまり仕事率P〔W〕は，

$$P = \frac{W}{t} = \frac{QV}{t} = \frac{Q}{t}V = VI \quad \therefore P = VI \text{〔W〕；} 1\,\text{W} = 1\,\text{V} \times 1\,\text{A}$$

となります。

電気が1秒間にする仕事，つまり仕事率を**電力**（electric power）といい，次式のようになります。

$$P = VI = \frac{V^2}{R} = RI^2 \text{〔W〕}$$

電力量（仕事量）

電気がする仕事量を電力量といいます。電力がP〔W〕のとき，t秒間にする**仕事量（電力量）**W〔J〕は，

$$W = Pt = VIt = \frac{V^2}{R}t = RI^2t \text{〔J〕}; \ 1\,\text{J} = 1\,\text{W} \times 1\,\text{s}$$

となります。日常使用する1 kW・h は，1時間あたりの電力量のことなので，1 kW・h =1000 W・h = $1 \times 10^3 \times 60 \times 60 = 3.6 \times 10^6$ J です。

60 W の電球は，1秒間に電気のする仕事が60 J であることを示し，明るさを示しているわけではありません。明るさは〔lm〕（ルーメン）という単位で示されます。最近のLED 電球では，何 W ではなく何ルーメンと性能が表示されていますので，一度手に取ってみてください。

ジュール熱

電流が抵抗を流れる場合，この電力は熱に変わります。このとき発生する熱を**ジュール熱**といいます。とはいっても，どれくらいの電力量でどれくらいの熱が発生するのかわかりません。さっそくこのことを調べてみましょう。ここでは，熱量 Q の単位を〔cal〕（カロリー）として話を進めてみましょう。

ニクロム線は熱を発生させる電気部品としてよく利用されます。別名を**電熱線**ともいいます。これに V〔V〕の電圧をかけ，t 秒間，水を沸かしたとします。ニクロム線の抵抗を R〔Ω〕，流れた電流が I〔A〕のとき，ニクロム線で使用する電力量 W〔J〕は，

$$W = VIt = RI^2t = \frac{V^2}{R}t \quad \text{〔J〕}$$

となります。これが Q〔cal〕の熱に変わったとします。比例定数を J とすると，$W = JQ$ となります。この J を**仕事当量**とよびます。

それでは，仕事当量 J を求めてみましょう。そのためには，次のような実験を行います。歴史的にも有名な実験です。ジュールによって行われました。

この実験では，水熱量計を用いて，ニクロム線に生じるジュール熱を測定し，熱の仕事当量 J の値を求めます。まず，次の準備物を用意します。

$\left\{\begin{array}{l}\text{水熱量計 }M\text{〔g〕，5 〜10Ωのニクロム線，直流電流計，直流電圧計，直流}\\ \text{電源，すべり抵抗器，温度計，室温より 2 〜 3 ℃低めの水 }m\text{〔g〕，メスシ}\\ \text{リンダー}\end{array}\right\}$

以上のものを用いて，図 7 − 2 のような装置を組みます。これに電圧をかけて，時間ごとの水温の上昇を調べ，$W = JQ$ の式より，J の値を求めます。

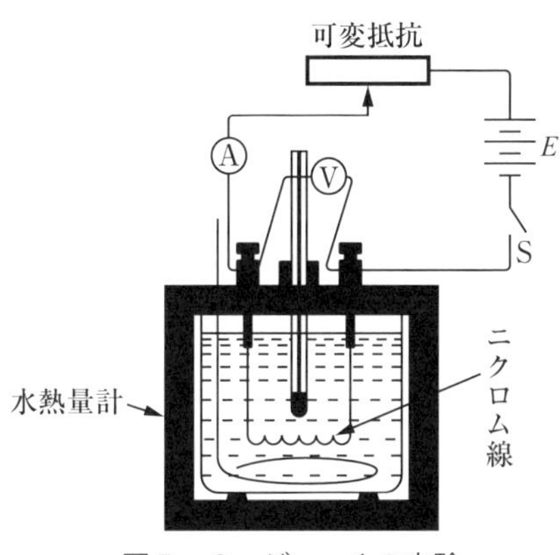

図 7 − 2　ジュールの実験

電圧を V〔V〕，電流を I〔A〕，電流を流した時間を t〔s〕とします。熱量計の比熱を c〔cal/(g・K)〕とすると，熱量計の水当量 w は

$$w = cM$$

となります。最初の水温を T_1〔K〕，加熱後の水温を T_2〔K〕とすると，

水と容器がもらった熱量；　$(m + w)(T_2 - T_1)$〔cal〕

抵抗で発生した熱量；　$\dfrac{1}{J}VIt$〔cal〕

となりますが，この両者は等しいので，

$$(m + w)(T_2 - T_1) = \frac{1}{J}VIt$$

とおけます。よって，

$$J = \frac{VIt}{(m + w)(T_2 - T_1)} \quad \text{〔J/cal〕}$$

となります。この式のなかに，実験値を代入すると，$J = 4.2$ J/cal　と求まります。

このように，電熱線に電流を流すと，**ジュール熱**が発生し，熱くなります。温度が上昇すると金属イオンの熱振動が激しくなり，自由電子の運動を妨げるため，抵抗は増大したわけです。このとき抵抗の値は，次式で与えられます。

$$R = R_0 \ (1 + \alpha t)$$

日常使用する銅線や鉄線なども，本来は非オーム抵抗ですが，電流の変化があまり大きくない範囲では，抵抗値の変化も小さいとみなしてオーム抵抗として扱うことが許されています。電球や真空管，ダイオード，トランジスターなどの非オーム抵抗では，５章でも紹介したように図７－４のような**特性曲線**となります。

なお，非オーム抵抗の抵抗値 R は，$R = \dfrac{V}{I}$ です。$R \neq \dfrac{\Delta V}{\Delta I}$ なので注意しましょう。

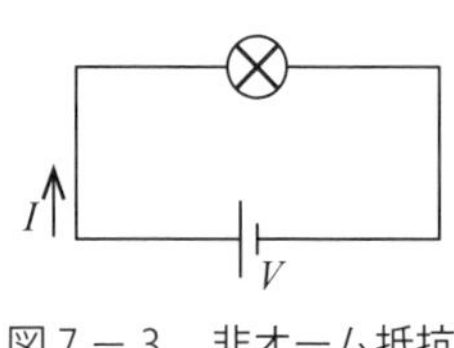

図７－３　非オーム抵抗

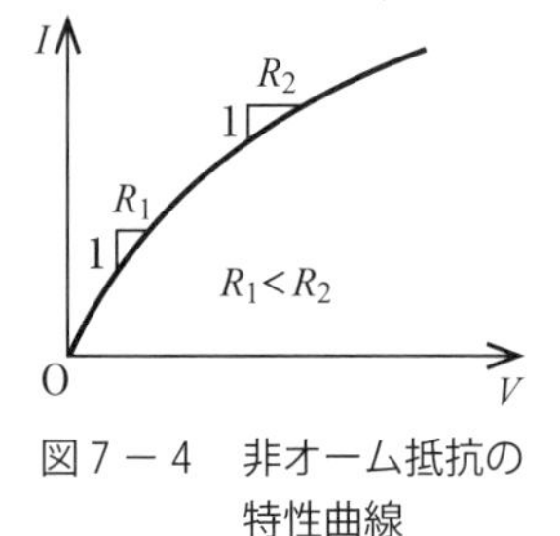

図７－４　非オーム抵抗の特性曲線

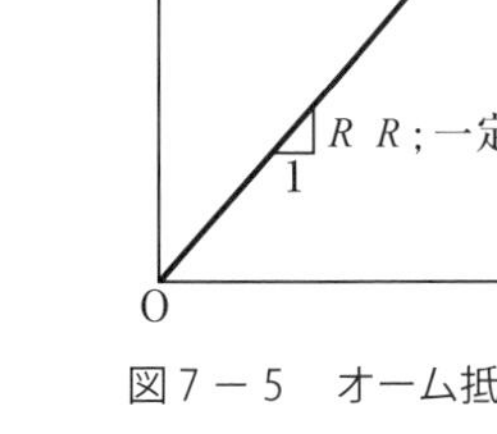

図７－５　オーム抵抗

熱電効果

２種類の金属 A, B の各端を接合し，その接合点の一方を高温に，他方を低温に保つと，この回路に電流が流れます。この現象を**ゼーベック効果**といいます。このとき流れる電流を熱電流，熱電流を生じさせる起電力を**熱起電力**といいます。また，このような装置を**熱電対**といい，温度計として利用されています。

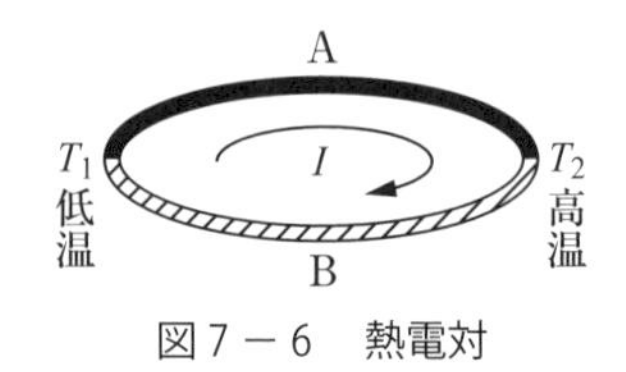

図７－６　熱電対

温度計として利用される場合，よく用いられる金属の組み合わせには，次のようなものがあります。

銅－コンスタンタン（Ni が45％，Cu が55％）熱電対は，－200～500℃の測定に向いています。また，白金－白金ロジウム（Pt が87％，Rh が13％）熱電対は，0～1600℃の測定に向いています。

ところで，接合させた２種類の金属に電流を流すと，接点ではジュール熱の他に，電流の強さに比例した熱の発生または吸収が起こります。この現象を**ペルティエ効果**といいます。電流を流す向きを逆にすると，熱の発生と吸収は逆になります。このペルティエ効果を利用した冷蔵庫も市販されています。

ペルティエ効果とゼーベック効果は逆の現象であるといえます。

08 静磁場

N極とS極が引きあい，同極どうしだと反発しあうという磁石の性質は，静電気の性質とよく似ています。クーロンは，静電場に関してクーロンの法則を提唱しましたが，彼は同じ年に静磁場におけるクーロンの法則も提唱しています。

しかし磁石の場合は，単極（モノポール）の磁荷はみつかっておらず，双極の磁気双極子（magnetic dipole）となっています。電流が磁場をつくっているからです。

磁石と静磁気

クーロンは，静電気に関するクーロンの法則につづいて，同じ1785年に，磁石の両端の磁荷に作用する力の測定を通して，静磁場に関するクーロンの法則を提唱しました。磁石でも電荷と同じく，N極同士のような同符号では斥力，N極とS極とのような異符号では引力を示します。

ところで，仮にN極の磁荷を$+m$，S極の磁荷を$-m$とすると，磁荷どうしの間に作用する力の大きさFは，距離の2乗に反比例し，

$$F = \frac{1}{4\pi\mu_0}\frac{m_1 m_2}{r^2}$$

と書けます。ただし磁石では，$+m$と$-m$というように磁荷を単極（モノポール）に分離することはできません。

磁力Fの力の単位は〔N〕です。磁荷の単位は〔Wb〕（ウェーバ）です。μは**透磁率**といい，μ_0と書くと**真空の透磁率**であるということがわかります。つまり，これも真空マークというわけです。

磁気におけるクーロンの法則もみてみよう

磁荷には単極（モノポール）が存在しないので，無限に長い棒磁石をイメージし，N 極の磁荷に対して S 極の磁荷からの影響は無視できるとします。

図 8 － 1 のように，真空中におかれた無限に長い N 極どうしに作用する力の大きさ F〔N〕は，N 極に＋ m〔Wb〕の磁荷が存在するとし，両者の距離を r〔m〕とすると，

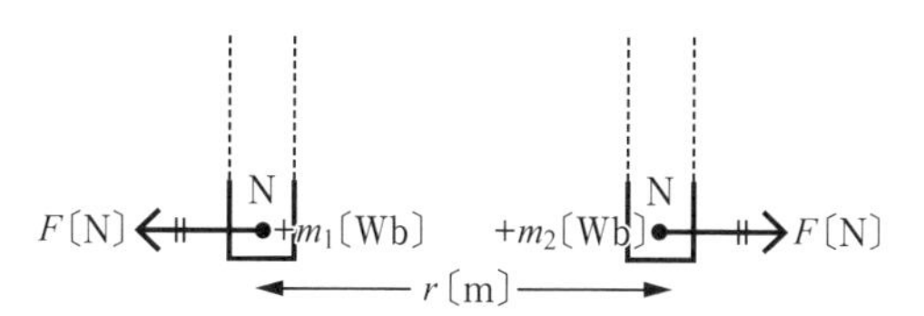

図 8 － 1　同種等量の場合の磁気におけるクーロンの法則

$$F = \frac{1}{4\pi\mu_0}\frac{m_1 m_2}{r^2} = 6.33\times10^4\ \frac{m_1 m_2}{r^2}\ \text{〔N〕}$$

と書けます。磁荷 m の値 m が大きいと作用する力の大きさも大きいので，磁荷は磁石の**磁極の強さ**であるといえます。磁荷の単位量を 1 Wb とします。

クーロンの法則の式に，$m_1 = 1$ Wb，$m_2 = 1$ Wb，$r = 1$ m を代入してみましょう。

$$F = 6.33\times10^4\times\frac{1\times1}{1^2} = \frac{1}{4\pi\mu_0}\cdot\frac{1\times1}{1^2}$$

となります。

つまり，真空中で強さの等しい 2 つの磁極を 1 m 離して置くとき，及ぼしあう力の大きさが，$6.33\times10^4 = \dfrac{10^7}{(4\pi)^2}$〔N〕であるとき，その磁極の強さが 1 Wb です。真空の透磁率を μ_0 とすると，$\mu_0 = 4\pi\times10^{-7}$〔$\text{Wb}^2/\text{N}\cdot\text{m}^2$〕です。

物質の透過率を μ，比透磁率を μ_s とすれば，$\mu = \mu_s\mu_0$〔$\text{Wb}^2/\text{N}\cdot\text{m}^2$〕なので，物質中でのクーロンの法則は，

$$F = \frac{1}{4\pi\mu_0}\frac{m_1 m_2}{r^2} = \frac{1}{4\pi\mu_s\mu_0}\frac{m_1 m_2}{r^2}\ \text{〔N〕}$$

となります。

静磁場

それでは，磁場はどうなるのでしょうか？

真空中のある１点Ｏに，磁荷＋M〔Wb〕を置きます。この磁荷からr〔m〕離れた点に，＋１Wbの磁荷を置くと，同種の極どうしなので，反発力が作用します。この力の大きさをF_1とすると，

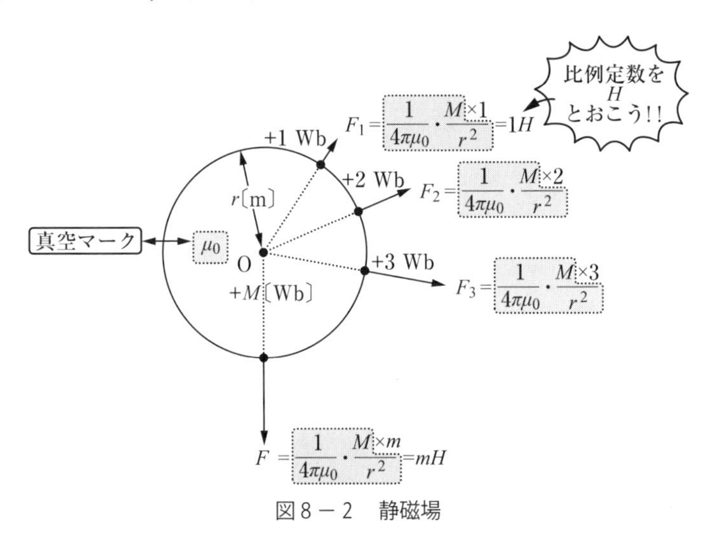

図８－２　静磁場

$$F_1=\frac{1}{4\pi\mu_0}\frac{M\times 1}{r^2}\text{〔N〕}$$

となります。＋１Wbの磁荷を取り除き，その代わりに＋２Wbの磁荷を置くと，反発力の大きさF_2は，

$$F_2=\frac{1}{4\pi\mu_0}\frac{M\times 2}{r^2}\text{〔N〕}$$

となり，同様に＋３Wbに置き換えると，反発力の大きさF_3は，

$$F_3=\frac{1}{4\pi\mu_0}\frac{M\times 3}{r^2}\text{〔N〕}$$

となります。一般の場合を考えて，＋m〔Wb〕の磁荷を置いてみましょう。そのときの力の大きさFは，

$$F = \frac{1}{4\pi\mu_0}\frac{Mm}{r^2}〔\mathrm{N}〕$$

となり，これらの式を概観すると，$\dfrac{1}{4\pi\mu_0}\dfrac{M}{r^2}$が，どの式にも共通して含まれていることがわかります。これを比例定数としてHで表すと，この式は，

$$F = mH〔\mathrm{N}〕; H = \frac{1}{4\pi\mu_0}\frac{M}{r^2}〔\mathrm{N/Wb}〕$$

となります。このHを**磁場の強さ**といいます。

磁力線と磁束

磁場も電場と同じように目で見ることができません。そこで可視化するのに**磁力線**や**磁束**を使ってみましょう。

磁石の上に紙を１枚乗せ，その上に砂鉄などの鉄粉を均一に振りまいてみると，図８－３のように，鉄粉はN，S両極間に，曲線に沿って並びます。これは，各鉄粉が小さな磁石となって，それぞれが磁場の向きに並び，つながったためです。鉄粉の描いたこのような曲線をイメージし，**磁力線**とよびます。

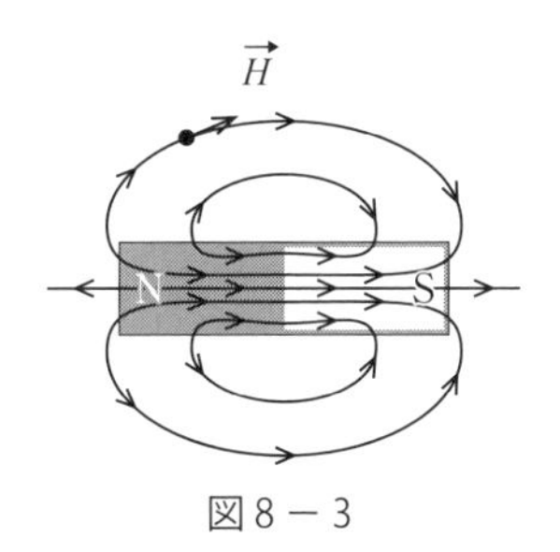

図8－3

磁力線上の点で，磁力線に引いた接線の向きは，その点での磁場$\vec{H}$の向きを示します。磁力線は，N極から出てS極に入ります。

磁力線の密度は，その点の磁場の強さに比例するように描きます。磁場の強さがH〔N/Wb〕のところでは，１m^2の面積を垂直に貫く磁力線がH〔本〕であるように描きます。

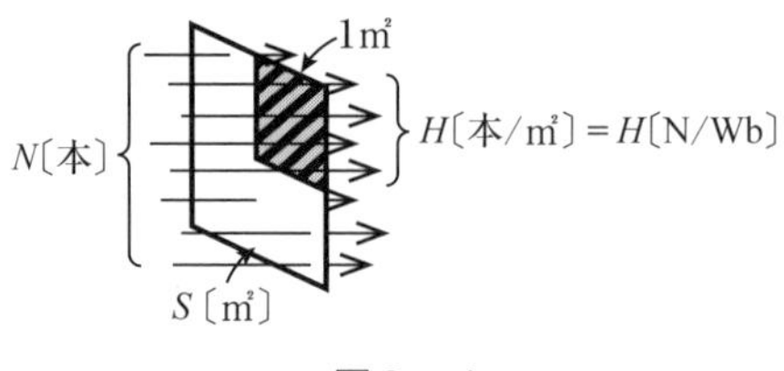

図8－4

したがって，磁場の強さが H〔N/Wb〕のところの S〔m^2〕の平面を垂直に貫く磁力線の本数 N は，

$$N = HS〔本〕$$

となります。

ところで，真空中に置かれた＋m〔Wb〕の点磁荷から出る磁力線の本数 N〔本〕を求めてみましょう。

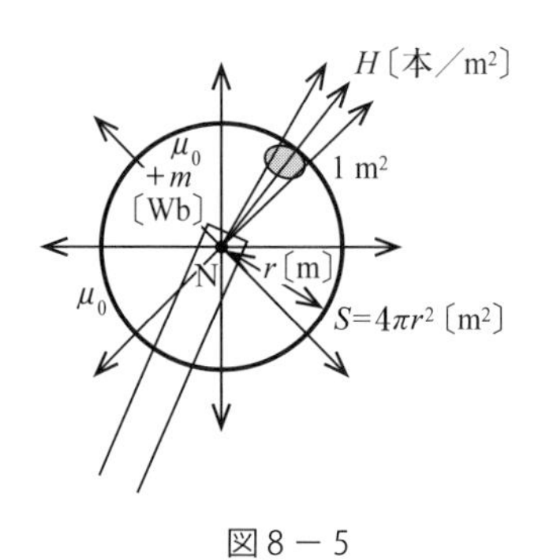

図8－5

半径 r〔m〕の球を考えると，球の表面積 S は $S = 4\pi r^2$ なので，

$$N = HS = \left(\frac{1}{4\pi\mu_0}\frac{m}{r^2}\right) \times (4\pi r^2) = \frac{m}{\mu_0} \qquad \therefore N = \frac{m}{\mu_0}〔本〕$$

となります。このことから，＋m〔Wb〕の磁荷からは $\dfrac{m}{\mu_0}$〔本〕の磁力線が出ることがわかります。

それでは比透磁率 μ_S の物質中に置かれた＋m〔Wb〕の点磁荷から出る磁力線の本数 N は何本でしょうか。点磁荷を中心に，半径 r〔m〕の球を考えると，

$$N = H'S = \left(\frac{1}{4\pi\mu_S\mu_0}\frac{m}{r^2}\right) \times (4\pi r^2) = \frac{m}{\mu_S\mu_0} = \frac{m}{\mu}〔本〕; \mu = \mu_S\mu_0$$

となります。

この2つの式を比べると，同じ＋m〔Wb〕の磁荷であっても，真空中なのか物質中なのかによって磁荷から出る磁力線の本数が異なります。そこでそれぞれの式の分母を払って，磁力線の本数Nに乗じて$\Phi = \mu_0 N = m$，$\Phi = \mu N = m$とすると，＋m〔Wb〕の磁荷から出る数を媒質に無関係に決めることができます。このことから，＋m〔Wb〕の磁荷からはm〔束〕，すなわちm〔Wb〕の**磁束**がでると表すことができます。

＋1 Wbの磁荷からは1本の磁束がでることになるので，磁束の単位は〔Wb〕を用います。単位面積あたりを貫く磁束を磁束密度といいます。S〔m^2〕の面積を貫く磁束をΦ〔Wb〕とすると，磁束密度B〔Wb/m^2〕は，

真空中の場合には，$B = \frac{\Phi}{S} = \frac{\mu_0 N}{S} = \frac{\mu_0 HS}{S} = \mu_0 H$〔Wb/m^2〕と書けます。一方，物質中の場合には，$B = \frac{\Phi}{S} = \frac{\mu N}{S} = \frac{\mu H'S}{S} = \mu H'$〔Wb/m^2〕と書けます。

ところで，同じ強さの磁場Hをあたえた場合，真空中の磁束密度B_0，比透磁率がμ_Sの物質中での磁束密度B_Sは，それぞれ，

$$B_0 = \mu_0 H,\ B_S = \mu H = \mu_S\mu_0 H = \mu_S B_0$$

なので，**磁性体**中の磁束密度は，真空中のμ_S倍となり，真空中より磁束をよく通すといえます。

また，磁束密度の単位には，〔Wb/m^2〕=〔T〕(テスラ) や10^{-4}〔Wb/m^2〕=〔gauss〕(ガウス) も用いられます。

磁力線は，図8－6，8－7のように，N極から出てS極に入るように描きます。なので，棒磁石のなかでも，磁力線はN極からS極に向かい，外部の磁力線と向きが逆になります。しかし，磁束は棒磁石の外部ではN極からでてS極に入りますが，棒磁石の内部では，外部からの磁束が連続して，そのままループを描くようになります。

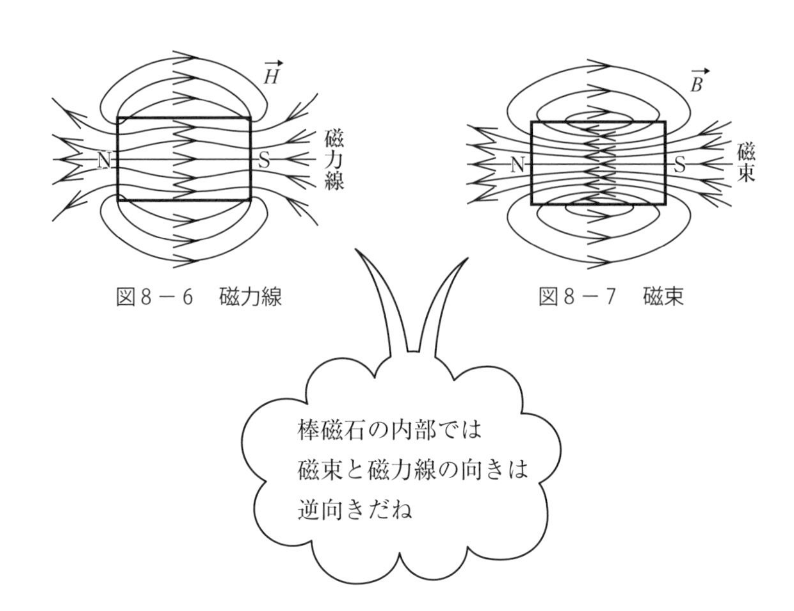

図８－６　磁力線

図８－７　磁束

09 電流の磁気作用

電気と磁気がよく似た性質を持つことは，以前から知られていましたが，電気と磁気が直接関係する現象はなかなかわかりませんでした。1820年 5 月，コペンハーゲン大学のエルステッドは，講義実験の授業中に，電流が流れる導線のそばにおかれていた磁針が振れることを偶然に発見しました。そしてなんと，1820年の 1 年間のうちにも，電気と磁気との直接的な関係が次々と明らかになり，その後の発展へとつながります。

電流による磁気作用の発見

電気と磁気との間に直接的な関係が初めて知られたのは，1820年 5 月，コペンハーゲン大学のエルステッド（H. Oersted, 1777～1815）が講義実験の授業を行っている最中のことでした。電流が流れる導線のそばにおかれていた磁針が偶然に振れることを発見しました。

エルステッドは，この実験を整理して，直線電流の周囲には，図 9 － 1 （a），（b）に示すように，電流の向きに右ねじを回す向きと一致する向きの磁場ができ

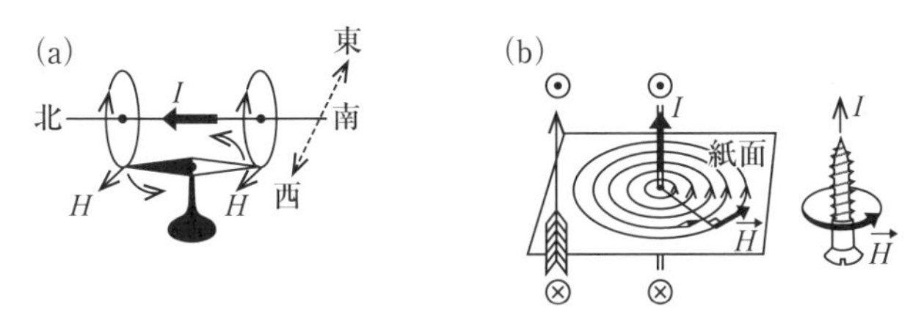

図 9 － 1　電流による磁気作用

ていることを明らかにしました。これを**右ねじの法則**といいます。電流の流れる向きの表現方法について説明します。紙面の裏から表へ電流が流れている場合は⦿です。逆に紙面の表から裏へ電流が流れている場合は⊗です。

磁場の強さはどのくらいかをまとめたのが**ビオ・サバールの法則**です。

導線の微小部分 dl〔m〕を流れている電流 I〔A〕と θ の角をなし，距離 r〔m〕離れている点 P につくる磁場の強さ dH や，磁束密度の大きさ dB は，

$$\mathrm{d}H = \frac{1}{4\pi} \cdot \frac{I\mathrm{d}l}{r^2} \sin\theta \text{〔A/m〕}$$

$$\mathrm{d}B = \frac{\mu_0}{4\pi} \cdot \frac{I\mathrm{d}l}{r^2} \sin\theta \text{〔T〕(〔Wb/m}^2\text{〕)}$$

となります。これらの式は，いろいろと予想を先にし，そのあと実験で確かめたものでした。

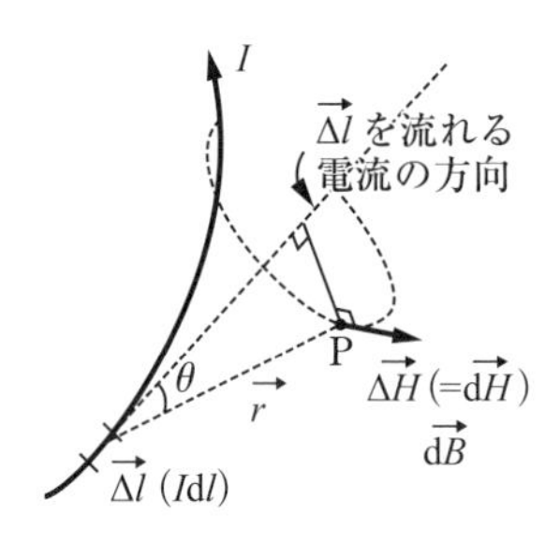

図9－2　ビオ・サバールの法則

ところで，両式を Idl について積分すると，

$$H = \int \mathrm{d}H = \int \frac{1}{4\pi} \cdot \frac{I\mathrm{d}l}{r^2} \sin\theta = \frac{I}{4\pi} \int \frac{\sin\theta}{r^2} \cdot \mathrm{d}l$$

$$B = \int \mathrm{d}B = \int \frac{\mu_0}{4\pi} \cdot \frac{I\mathrm{d}l}{r^2} \sin\theta = \frac{\mu_0 I}{4\pi} \int \frac{\sin\theta}{r^2} \cdot \mathrm{d}l = 10^{-7} \int \frac{\sin\theta}{r^2} \cdot \mathrm{d}l$$

となります。

無限に長い直線電流がつくる磁場

無限に長い直線電流がつくる磁場については，次の式であたえられます。

$$H = \frac{1}{4\pi} \cdot \frac{2I}{a} = \frac{I}{2\pi a}〔\mathrm{A/m}〕；B = \frac{\mu_0 I}{2\pi a}〔\mathrm{T}〕$$

となります。

ところで，無限に長い直線電流 I〔A〕のまわりを，磁場に逆らって磁荷 $+m$〔Wb〕を1周させるのに要する**電磁気的な仕事** W[J]を求めてみましょう。

導線より垂直に a〔m〕だけ離れた点につくる磁場の強さ H〔A/m〕が $H = \dfrac{I}{2\pi r}$ なので，この点に磁荷 m〔Wb〕を置くと $F = mH = \dfrac{mI}{2\pi r}$〔N〕の大きさの力を受けます。この磁荷を導線のまわりに磁場に逆らって1周させるのに要する仕事 W〔J〕は，

$$W = F \cdot 2\pi r = mH \cdot 2\pi r = \frac{mI}{2\pi r} \cdot 2\pi r = mI〔\mathrm{J}〕$$

$$\therefore W = mI〔\mathrm{J}〕$$

となります。このことから1Aの電流のまわりを，磁場に逆らってN極を1周させるのに要する仕事が1Jのとき，N極の磁荷＋1Wbといえます。

1J＝1Wb×1A　なので，

$$〔\mathrm{Wb}〕=\left[\frac{\mathrm{J}}{\mathrm{A}}\right]=\left[\frac{\mathrm{W \cdot s}}{\mathrm{A}}\right]=\left[\frac{\mathrm{V \cdot A \cdot s}}{\mathrm{A}}\right]=〔\mathrm{V \cdot s}〕 \qquad \therefore〔\mathrm{Wb}〕=〔\mathrm{V \cdot s}〕$$

cf.　〔C〕＝〔A・s〕

円電流が中心軸上につくる磁場

円形コイルに電流 I が流れるとき，コイル上に生じる磁場は，図9－5（a）のようになり，その向きは右ねじの法則にしたがって決まります。その関係式は，

$$H = \frac{I}{2r}〔\mathrm{A/m}〕；B = \frac{\mu_0 I}{2r}〔\mathrm{T}〕$$

であたえられます。

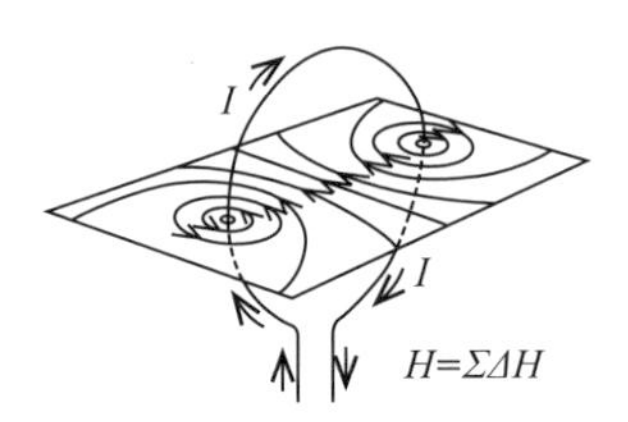

図9－3　円電流が中心軸上につくる磁場

ソレノイドがつくる磁場

中空円筒の側面に一定のピッチで導線を巻きつけたコイルを**ソレノイド**(solenoid) といいます。ソレノイドに電流を流したとき，コイル全体は磁石となり，コイルを右手でつかんだときに，電流が指先の方に流れるとした場合，親指の示す向きがソレノイド内部にできる磁場の向きです。

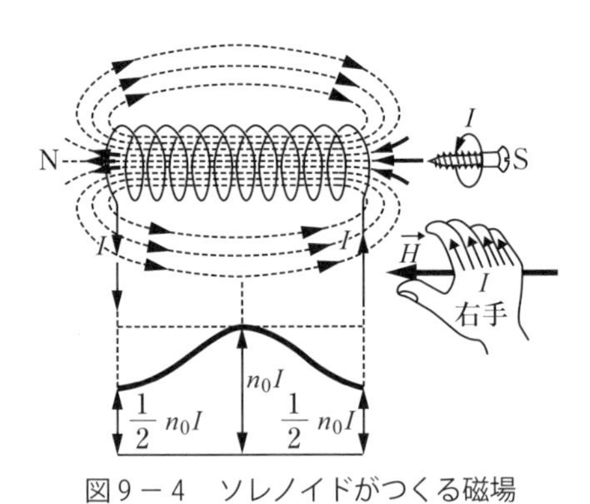

図9－4　ソレノイドがつくる磁場

コイル内部には，それぞれの導線がつくるすべての磁束が通るため，磁束密度が大きくなります。また磁束は互いに反発しあうので等間隔に並び一様な磁場をつくります。

コイルの外部では，無限の空間に磁束が広がるので，磁束密度はコイルの内部に比べると疎であり，磁場の強さはほぼ0とみなせます。

コイルの全長をL〔m〕，全巻数をN〔回〕，流れる電流の強さをI〔A〕とするとき，ソレノイド内部の磁場の強さはどうなるでしょうか。

まず，$+m$〔Wb〕の磁荷を想定して，図9－5のA→B→C→D→Aと1周させる場合の仕事W〔J〕を求めてみます。

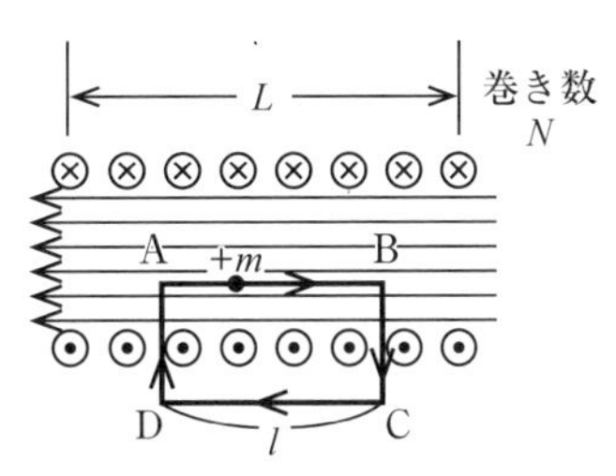

図9－5　ソレノイドがつくる磁場の求め方

① A→B；$+m$〔Wb〕の磁荷には，磁場より$F = mH$の力が作用するので，これに逆らってl〔m〕だけ運ぶのに要する仕事W_{AB}は，

$$W_{AB} = Fl = mHl$$

となります。

② B→C；磁束に対して垂直に移動させるので，仕事は0で，$W_{BC} = 0$となります。

③ C→D；ソレノイドの外部の磁場は，ほぼ0とみなしうるので，$W_{CD} \fallingdotseq 0$となります。

④ D→A；B→Cと同様に，$W_{DA} = 0$となります。

以上から，1周させるのに要する仕事Wは，

$$W = W_{AB} + W_{BC} + W_{CD} + W_{DA} = mHl + 0 + 0 + 0 = mHl$$

$$\therefore W = mHl$$

となります。

ところで，ABCDの枠のなかに含まれる導線の本数は，1mあたりの巻数をn_0とすると，$n_0 l$です。1本の導線に，I〔A〕の電流が流れているので，$n_0 l$〔本〕の導線をひとかたまりとみて，これに$I_0 = n_0 lI$〔A〕の電流が流れていると考えます。この電流のまわりを$+m$〔Wb〕の磁荷を1周させるのに要する仕事W〔J〕は，

$W = mI_0 = m\,n_0 lI$〔J〕

となります。以上から，

$W = mHl = mn_0 lI$

両辺から ml を消去すると，$H = n_0 I$ となるので，

$$H = n_0 I〔\mathrm{A/m}〕 \qquad B = \mu_0 n_0 I〔\mathrm{T}〕$$

電磁石

ソレノイドに電流を流すと，コイルは磁性を持ちます。これを電磁石といいます。コイルの断面積を S〔m^2〕，長さを L〔m〕，巻数を N〔回〕，流れる電流の強さを I〔A〕とするとき，電磁石の磁極の強さ m〔Wb〕を求めてみましょう。

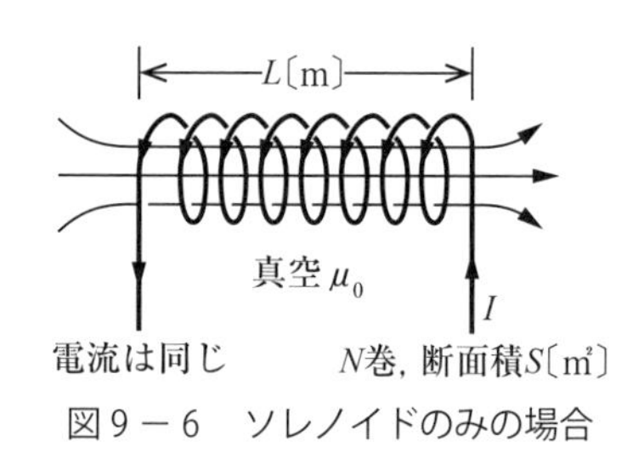

図9－6　ソレノイドのみの場合

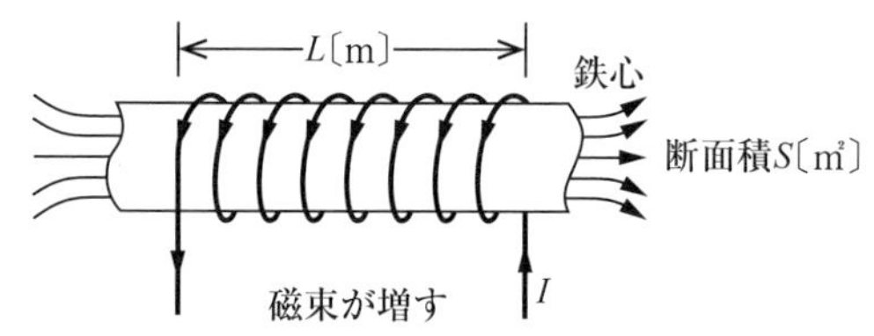

図9－7　ソレノイドの中に鉄心を入れた場合

ソレノイド内部の磁場の強さおよび磁束密度は，それぞれ，

$$H = n_0 I = \frac{N}{L} I \qquad B = \mu_0 n_0 I = \mu_0 \frac{N}{L} I$$

なので，断面 S を貫く磁束 Φ〔Wb〕は，

$$\Phi = BS = \mu_0 n_0 IS = \mu_0 \frac{N}{L} IS〔\mathrm{Wb}〕$$

となります。これは，磁極を通る磁束の数なので，磁荷（磁極の強さ）m〔Wb〕は，

$$m = \Phi = BS = \mu_0 n_0 IS = \mu_0 \frac{N}{L} IS〔\mathrm{Wb}〕$$

となります。また，透磁率 μ_S のものを挿入すると，

$$m' = \Phi' = B'S = \mu_S BS = \mu_S \mu_0 n_0 IS = \mu_S \mu_0 \frac{N}{L} IS = \mu \frac{N}{L} IS〔\mathrm{Wb}〕$$

となります。

アンペールの法則（Ampère）

直線電流のまわりの磁束密度は，

$$B = \frac{\mu_0 I}{2\pi a}$$

でした。ここで，半径 r が一定の円について，積分してみると，

$$\oint B\mathrm{d}l = B \cdot 2\pi r = \frac{\mu_0 I}{2\pi r} \cdot 2\pi r = \mu_0 I$$

となります。一般に，導線を囲むような任意の閉曲面を考えて，その閉曲線上に微小な線素 dl をとって積分する場合を考えてみましょう。B_S は $\vec{B}$ の $\vec{\mathrm{d}l}$（$= dl$）方向の成分とします。

$$\oint B_S \mathrm{d}l = \mu_0 I$$

あるいは，磁場の強さ H は，

$$\oint H_S \mathrm{d}l = \oint H \cdot \mathrm{d}l = I$$

となります。また，電流が，何本も閉曲面を貫いている場合は，

$$\oint H \cdot \mathrm{d}l = \sum_n i_n$$

となります。

ところで，アンペールの法則を微分形で表現してみましょう。ここでは，ベクトルを太字で表記します。電流密度を $\boldsymbol{i}$ とし，閉曲線 C をふちとするような曲面

09

電流の磁気作用

S にそって面積分すると,

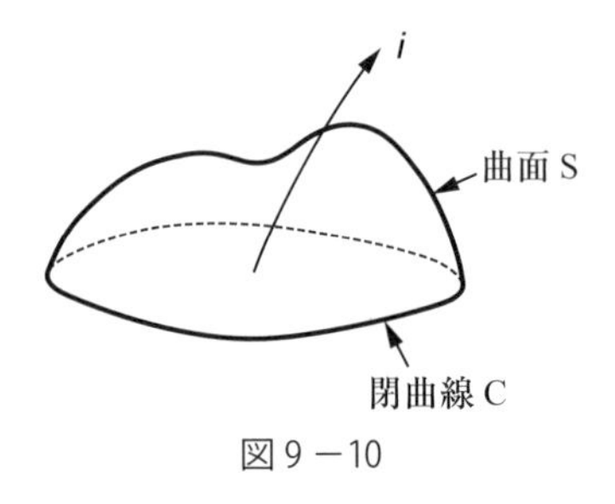

図 9 −10

$$\oint \boldsymbol{H} \cdot \mathrm{d}\boldsymbol{l} = \int_C \boldsymbol{i} \cdot \mathrm{d}S$$

となります。

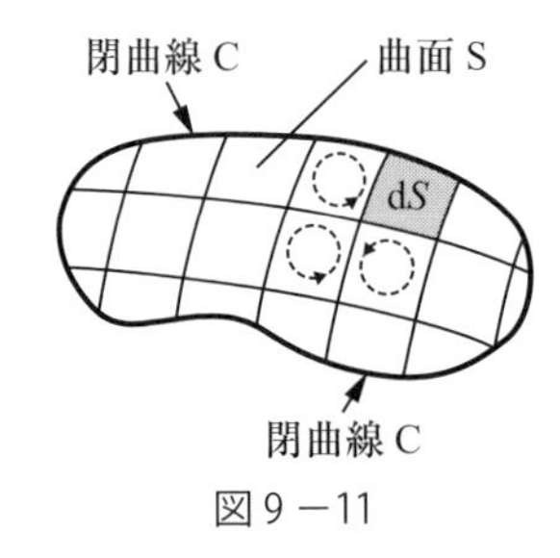

図 9 −11

次に，上図の曲面 S を，微小な網目に分割し，その微小面積を dS とし，この微小面積 dS のまわりを囲むように $\oint \boldsymbol{H} \cdot \mathrm{d}\boldsymbol{l}$ を考えてみましょう。すると，すべての網目について，隣りあう網目の積分が境界線上で打ち消し，結果として大きな閉曲線 C に積分したのと同じになります。

ところで，この網目の位置 x と位置 $x + \mathrm{d}x$ とでは H_y の値が異なります。位置 $x + \mathrm{d}x$ では,

$$H_y\ (x + \mathrm{d}x)\ \fallingdotseq H_y(x)\ + \frac{\partial H_y}{\partial x}\,\mathrm{d}x$$

なので，dxdy の網目を考えると,

$$\oint (xy)\ \boldsymbol{H} \cdot \mathrm{d}\boldsymbol{l} = H_x \mathrm{d}x + \left(H_y + \frac{\partial H_y}{\partial x}\,\mathrm{d}x\right)\ \mathrm{d}y - \left(H_x + \frac{\partial H_x}{\partial x}\right)\ \mathrm{d}x - H_y \mathrm{d}y$$

$$= \left(\frac{\partial H_y}{\partial x} - \frac{\partial H_x}{\partial y}\right) \mathrm{d}x\mathrm{d}y$$

となります。これはまさに，$\nabla \times \boldsymbol{H}$ のベクトル積の z 成分にあたります。したがって，すべての網目に関する和を求めると，閉曲線 C についての積分となるので，

$$\oint \boldsymbol{H} \cdot \mathrm{d}\boldsymbol{l} = \int (\nabla \times \boldsymbol{H}) \cdot \mathrm{d}\boldsymbol{S}$$ **＜ストークスの定理＞**

また，アンペールの法則より，

$$\oint \boldsymbol{H} \cdot \mathrm{d}\boldsymbol{l} = \int (\nabla \times \boldsymbol{H}) \cdot \mathrm{d}\boldsymbol{S} = \int \boldsymbol{i} \cdot \mathrm{d}\boldsymbol{S}$$

なので，

$$\nabla \times \boldsymbol{H} = \boldsymbol{i}$$

となります。これが，アンペールの法則の微分形です。したがって，その成分は，

$$\left(\frac{\partial H_z}{\partial y} - \frac{\partial H_y}{\partial z},\ \frac{\partial H_x}{\partial z} - \frac{\partial H_z}{\partial x},\ \frac{\partial H_y}{\partial x} - \frac{\partial H_x}{\partial y}\right)$$

であり，

$$\mathrm{rot}\, \boldsymbol{H} = \mathrm{curl}\, \boldsymbol{H} = \boldsymbol{i}$$

と書けます。再度，積分形で表現しておくと，$\oint \boldsymbol{H} \cdot \mathrm{d}\boldsymbol{l} = \int \boldsymbol{i} \cdot \mathrm{d}\boldsymbol{S}$ なので

$$\oint \boldsymbol{H} \cdot \mathrm{d}\boldsymbol{l} = \int \mathrm{rot}\, \boldsymbol{H} \cdot \mathrm{d}\boldsymbol{S}$$

と書くことができます。また後のマクスウェル方程式（17章）のところででてくるので頭に入れておきましょう。

10 電流が磁場から受ける力

電流が磁気作用を引き起こすことがわかってからは，電流によるいろいろな磁気的現象が確認されました。特に，現代でも有益なのは $F = ILB$ と表現される電磁力です。これにより，モーターがまわる原理が説明されています。現代文明はモーターなしには語れません。ぜひ，この章の内容を理解しましょう。

電磁力

磁場 H〔A/m〕の中に，長さ L〔m〕の導体をおき，これに I〔A〕の電流を流すと，導体は磁場から図10－1のような向きに力 F〔N〕を受けます。この力を電磁力といいます。

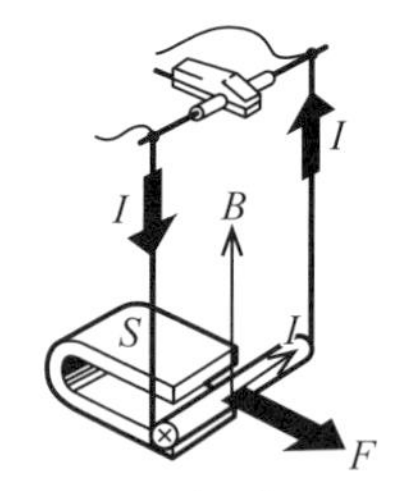

図10－1　電気ブランコの実験

この力の大きさと向きについて考察してみましょう。まず，電流が受ける力の向きは，次の２通りの方法で解釈されます。１つは，フレミングの左手の法則です（図10－２）。もう１つは磁束の相互作用による解釈です（図10－３）。

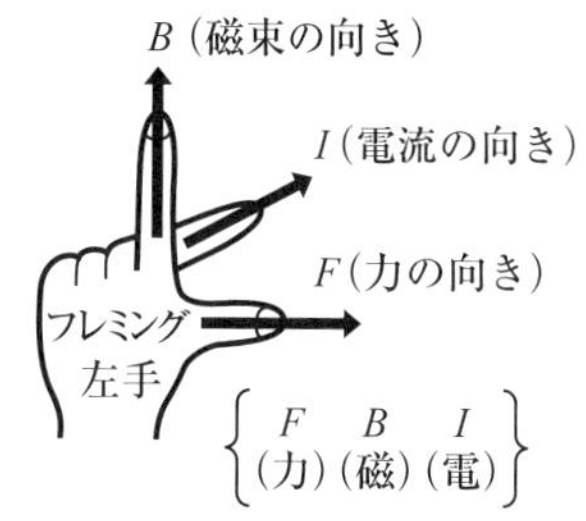

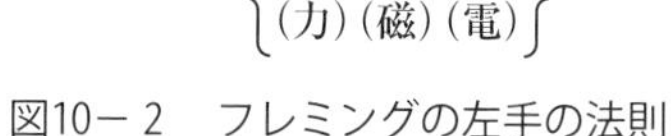

図10－2　フレミングの左手の法則

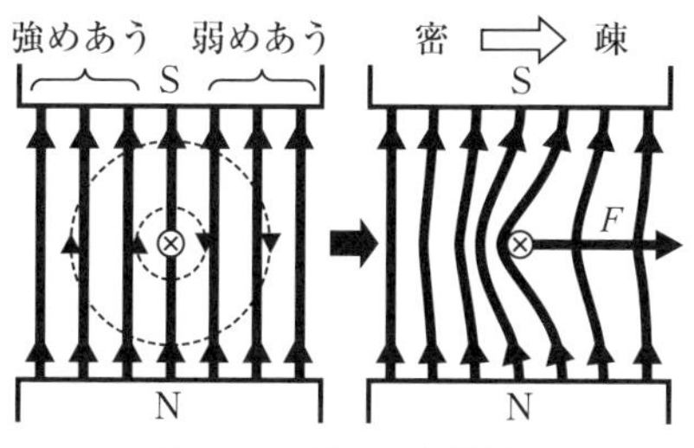

図10－3　磁束の相互作用

電磁力 F を求めてみましょう。

導体とN極の距離を r〔m〕とします。導体中を流れる電流素片 Idl が，N極の点につくる磁場の大きさは，ビオ・サバールの法則より求めることができます。図10－4では，電流素片とN極の位置関係から，$\theta=90°$ であり，また $\int dl = L$ なので，

$$dH = \frac{1}{4\pi}\cdot\frac{Idl\sin\theta}{r^2} = \frac{1}{4\pi}\cdot\frac{Idl}{r^2} \qquad \therefore H = \frac{1}{4\pi}\cdot\frac{IL}{r^2}$$

図10－4
ビオ・サバールの法則より

となります。

ところで，この磁場のなかに，$+m$〔Wb〕の磁荷があると考えますと，その場合には，磁極Nに作用する力の大きさ F〔N〕は，$F=mH$ より，

$$F = mH = \frac{1}{4\pi}\cdot\frac{IL}{r^2} = IL\cdot\frac{1}{4\pi}\cdot\frac{m}{r^2}$$

となります。m〔Wb〕の磁荷から r〔m〕離れた点の磁束密度の大きさ B は，

$B=\frac{1}{4\pi}\cdot\frac{m}{r^2}$ なので，$F=ILB$〔N〕となります。

この力は，「電流がつくる磁場が，磁極Nに加える力」ですが，磁極は固定されていて動かないので，固定されていない導線が，その反作用を受けて動くことになります。

例えば，質量 m〔kg〕，長さ L〔m〕の導線が極めて軽い導線で水平につるされています。この導体に磁場を鉛直上方にかけ，導線に I〔A〕の電流を流すと，図10－5のように鉛直と θ の角度をなしてつりあったとします。このときの傾きについて考察してみましょう。

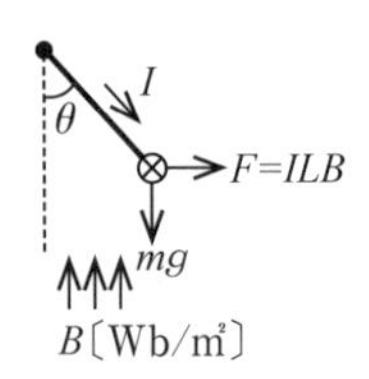

図10－5　重力場で電磁力を受ける導線

鉛直下方にかかる重力は mg，水平方向には電磁力が ILB となります。よって，$\tan\theta = \dfrac{ILB}{mg}$ となります。

コイルが磁場から受ける力

図10－6のように，磁束密度の大きさが B〔T〕の一様な磁場のなかに長方形のコイルをおき，水平軸のまわりに自由に回転できるようにして，これに電流 I〔A〕を流してみましょう。このとき，コイルには，どのような力がどのように作用するでしょうか？

一辺が L〔m〕の正方形をしたコイルの上辺と下辺は，磁場に垂直に，$F = ILB$ の大きさの力を受け，コイルは時計回りにまわります（図10－6）。

このようにコイルを回転させようとする力を利用したのが，**モーター**や**直流電流計**です。

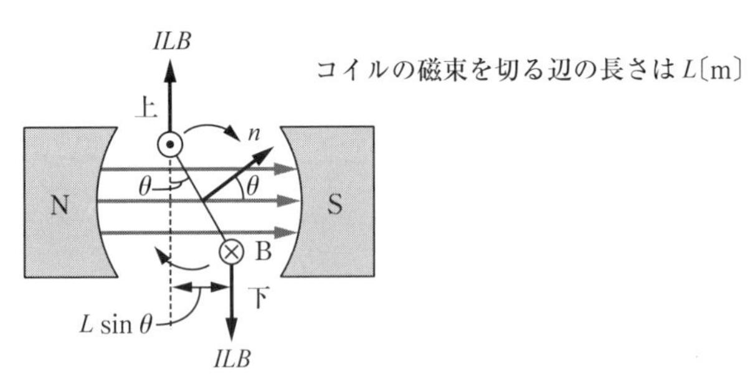

図10－6　モーターの原理

ローレンツ力（Lorentz）

B〔T〕の磁場のなかに，長さL〔m〕の導体を磁場と直角におきます。導体に電流I〔A〕を流すと，導体に大きさ$F = ILB$〔N〕の力が作用します。

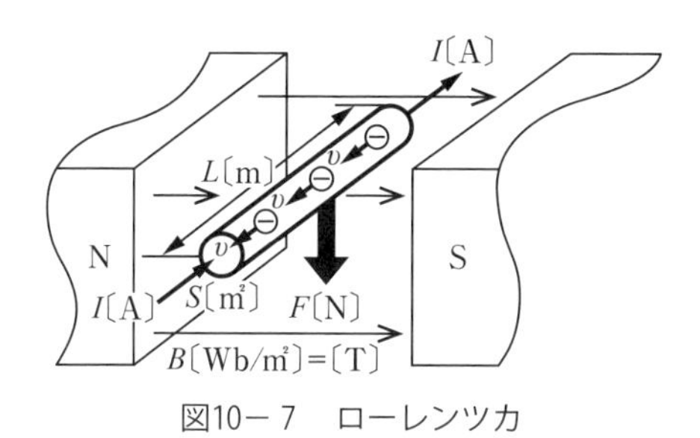

図10－7　ローレンツ力

ここで，導体の断面積をS〔m^2〕，導体中の1 m^3あたりの電子数をn_0個とし，電子の平均速度をv〔m/s〕とすると，導体を流れる電流I〔A〕は，$I = n_0evvS$〔A〕となるので，$F = ILB = n_0evSLB$〔N〕となります。

この導体中の総電子数Nは，$N = n_0SL$なので，電子1個あたりに作用する力の大きさf〔N〕は，

$$f = \frac{F}{N} = \frac{n_0evSLB}{n_0SL} = evB\text{〔N〕}$$

となります。

荷電粒子が，磁場を速度v〔m/s〕で垂直に横切るとき，磁場から受ける力を磁場によるローレンツ力といいます。

磁束密度がB〔T〕，で荷電粒子の電荷がq〔C〕のとき，ローレンツ力F〔N〕は，$F = qv \times B$〔N〕となります。

力の向きは，正電荷の場合はフレミングの左手の法則を使うとわかります。負電荷の場合は，逆向きになります。

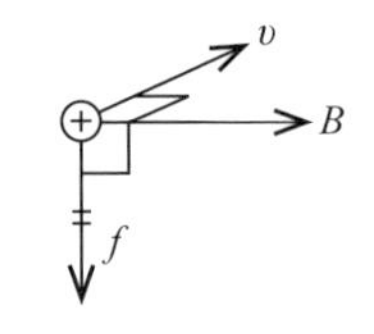

図10－8　ローレンツ力

荷電粒子は，電場からも力を受けます。ですので，電場 $\boldsymbol{E}$，磁束密度 $\boldsymbol{B}$ の中を，速度 $\boldsymbol{v}$ で運動する荷電粒子が受ける力 $\boldsymbol{F}$ は，

$$\boldsymbol{F} = q\ (\boldsymbol{E} + \boldsymbol{v} \times \boldsymbol{B})\text{〔N〕}$$

となります。一般にこの力をローレンツ力といいます。

$+q$〔C〕の正電荷を，電子銃で加速してから，一様な磁場の中へ入れるとどうなるでしょうか。実は，等速円運動をします。その謎を解いてみましょう。電子銃の構造は図10－9のようになっています。

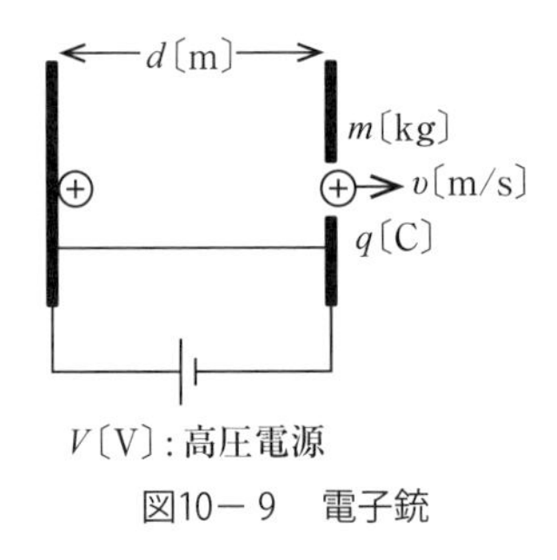

図10－9　電子銃

電子銃の平行板間の距離を d〔m〕，電位差を V〔V〕とすると，電場の強さ E は $E = \dfrac{V}{d}$〔V/m = N/C〕となります。この電場のなかで，この電荷が受ける力の大きさ F は，$F = qE = q\dfrac{V}{d}$〔N〕となります。

最初，電子銃の正極板のごく近くに静止していた質量 m〔kg〕の正電荷が，この電場により加速された場合，負極板を飛び出すときの速度 v は，次のように求まります。

$$W = Fd = q\frac{V}{d} \cdot d = qV \text{ より，} \frac{1}{2}mv^2 = qV \qquad \therefore v = \sqrt{\frac{2qV}{m}}\text{〔m/s〕}$$

この電荷が，図の点Pから点Qまで直進し，電荷が点Qに達したときに，一様な強さの磁場（磁束密度）B を粒子の運動方向と垂直にかけると，この電荷は磁場からローレンツ力を受けます。

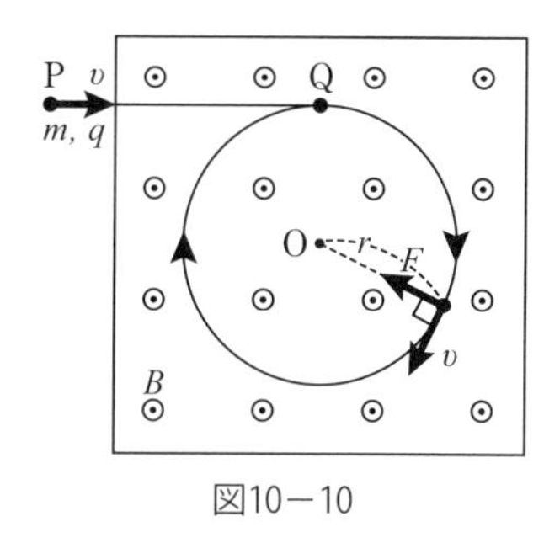

図10－10

この力の大きさ F は，$F = qvB = qB\sqrt{\dfrac{2qV}{m}}$〔N〕となります。正電荷に作用するローレンツ力は，常に正電荷の速度 v と垂直をなすので，ローレンツ力が向心力となって次に示す半径の円運動をすることがわかります。

$$qvB = \frac{mv^2}{r} \quad \text{半径}\ r = \frac{mv}{qB} = \frac{m}{qB}\sqrt{\frac{2qV}{m}} = \sqrt{\frac{2Vm}{qB^2}}\ \text{〔m〕}$$

ところで，この円運動の周期 T は，

$$T = \frac{2\pi r}{v} = \frac{2\pi m}{qB}\ \text{〔s〕}$$

となり，周期 T は速度 v に無関係な値となります。この周期をサイクロトロン周期といいます。**サイクロトロン**というのは，磁場を利用して，電荷をもった粒子の運動速度を加速させるマシンで，**加速器**の一種です。加速された粒子は，サイクロトロンを出るときには，接線方向に直線運動を行います。これにより高エネルギー研究が進みました。

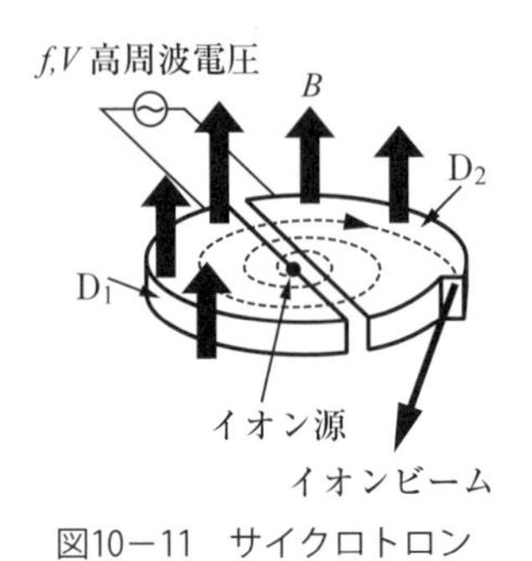

図10－11　サイクロトロン

11 電磁誘導

1820年のエルステッドの発見は，電流が磁気的な現象を生じるというものでした。これを知ったファラデーは，逆の現象が生じないかどうかに関心を持ち続け，研究に研究を重ねました。10年以上たったある日，とうとうその日はやってきました。1831年 8 月29日のことでした。電磁誘導の発見です。コイルに磁石を近づけたり，遠ざけたりすると，回路に電池や電源がないのに，電流が流れたのです。

ファラデーの電磁誘導の法則

1820年のエルステッドによる，電流の磁気的な現象の発見から，苦節約10年の研究の結果，ファラデーは，電磁誘導を発見しました。図11－1の装置での実験のように，コイルに磁石を近づけたり，遠ざけたりすると，回路に電池や電源がなくても電流が流れます。この電流を**誘導電流**といい，電流を流す起電力を**誘導起電力**といいます。

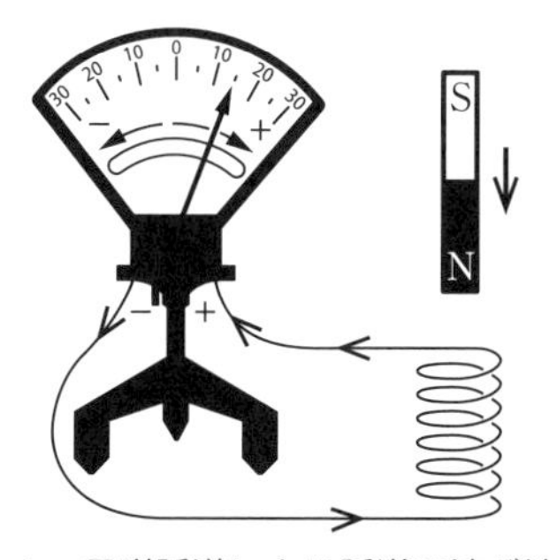

図11－1　電磁誘導により誘導電流が流れる

コイルに磁石を近づけると誘導電流が流れ，誘導起電力 V が生じることをファラデーの電磁誘導の法則といい，$V = -\dfrac{\mathrm{d}\Phi}{\mathrm{d}t}$ と表しました。$\mathrm{d}\Phi$ は磁束の変化です。なので $\dfrac{\mathrm{d}\Phi}{\mathrm{d}t}$ は，磁束の時間的変化です。$\Phi = BS$ なので $\mathrm{d}\Phi = B\mathrm{d}S$ となります。

ここでコイルの長さを L〔m〕，コイルの進む速さを v〔m/s〕とすると，面積 $\mathrm{d}S$ は，$\mathrm{d}S = Lv\mathrm{d}t$ なので，$\mathrm{d}\Phi = vBL\mathrm{d}t$ となり，$V = -\dfrac{\mathrm{d}\Phi}{\mathrm{d}t} = -vBL$ と求まります。

さて，誘導起電力の大きさと向きはどのように決まるのでしょうか。図11－2のように，導体棒ABを一様な磁場の中に置き，導体棒ABを速さ v で右向きに移動させる場合について考えてみましょう。

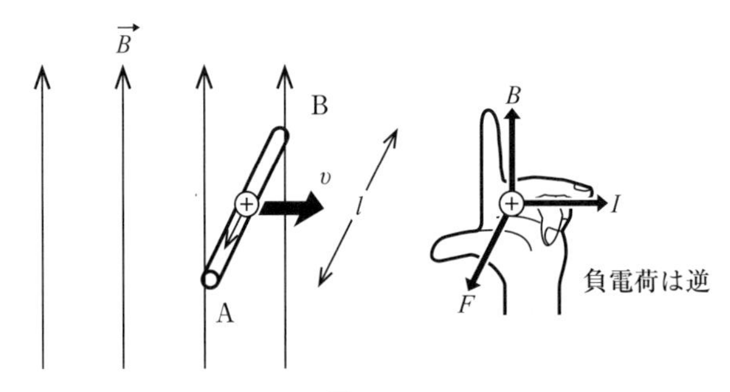

図11－2

導体棒AB内の電荷は導線とともに右向きに移動するため，ローレンツ力を磁場から受けます。この力は，正電荷ではB→Aの向きに，負電荷ではA→Bの向きに作用します。すると，自由電子－e〔C〕は，磁場からのローレンツ力 f_{B} を受けて，Bの側に多く集まることになり，BはAよりも電位が低い状態になります（図11－3）。

導体棒ABの内部には，電子がB側に多く集まったために，内部電場が生じます。生じた電場を E とすると，電子はBからAの向きに電場からの力 f_{E} を受けます。

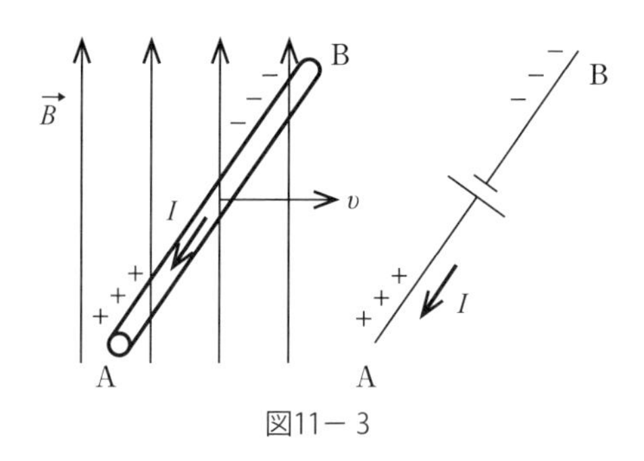

図11－3

最初，導体棒 AB には，電子の偏りがなく電場は生じていませんでしたが，導体棒 AB が右向きに速度 v で移動することにより，導線内部の電場の強さは無限に大きくなるのではなく，やがて定常な状態になります。それは，導線内部の電場から受ける力と，外部の磁場から受ける力がつりあうからです。つまり，$f_E = f_B$ となります。

$$F = eE = evB \qquad \therefore E = vB$$

このとき，導線の長さを L〔m〕とすると，導線の両端には，

$$V = EL = vBL\text{〔V〕}$$

の電位差が生じます。したがって，電流は，B から A の向きに流れます。

ところで，誘導電流によって生じる磁場の向きは，磁石の N 極が近づくと，その面に N 極をつくり磁束の変化を妨げる向きになっています。つまり，誘導電流は，磁束の変化を妨げる向きに流れます。これを**レンツの法則**といいます。

それでは，より一般的に，任意の形のコイルを貫く磁束が時間的に変化する場合について考えてみましょう（図11－4）。

磁場の中に，任意の閉回路 C があるとき，C を縁とする閉曲面 S を考えてみましょう。コイルを貫く磁束が時間的な変化をすれば，この閉回路には $-\dfrac{\mathrm{d}\Phi}{\mathrm{d}t}$ の起電力が生じます。このことは，その場に電場が生じたことを意味します。この電場の回路に沿った方向の成分 E_l を C の 1 周について積分した値 $\oint_C E_l \mathrm{d}l$ は，起電力なので，

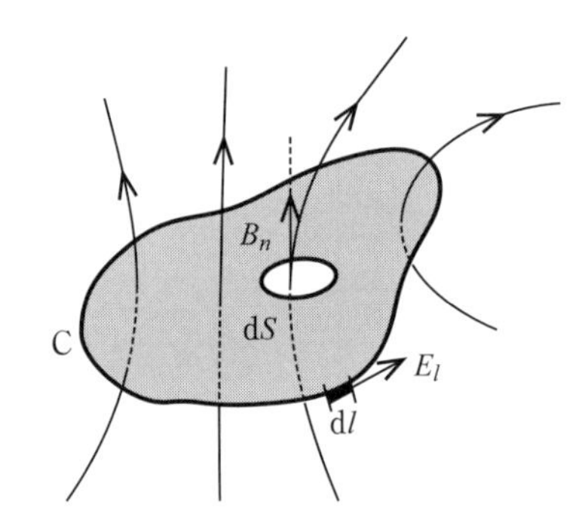

図11－4　任意の形のコイルを貫く磁束が時間的に変化する場合

$$V = \oint_C E_l \mathrm{d}l = -\frac{\mathrm{d}\Phi}{\mathrm{d}t}$$

となります。ところで，C を貫く磁束 Φ は，面 S 上での磁束密度 $\boldsymbol{B}$ の法線方向の成分を B_n とすると，

$$\Phi = \int_S B_n \mathrm{d}S$$

なので，

$$V = \oint_C E_l \mathrm{d}l = -\frac{\mathrm{d}}{\mathrm{d}t}\int_S B_n \mathrm{d}S = -\int_S \frac{\partial B_n}{\partial t}\mathrm{d}S$$

$$V = \oint_C \boldsymbol{E}\mathrm{d}\boldsymbol{l} = -\frac{\mathrm{d}}{\mathrm{d}t}\int_S \boldsymbol{B}\mathrm{d}\boldsymbol{S} = -\int_S \frac{\partial \boldsymbol{B}}{\partial t}\mathrm{d}\boldsymbol{S}$$

となり，時間変化をする磁束密度 $\boldsymbol{B}$ の中にある任意の閉回路には，このような起電力が生じます。

ところで，ストークスの定理を用いて，線積分を面積分に変換すると，

$$\int_S (\nabla \times \boldsymbol{E}) \cdot \mathrm{d}\boldsymbol{S} = -\int_S \frac{\partial \boldsymbol{B}}{\partial t}\mathrm{d}\boldsymbol{S}$$

と書けますが，この関係が任意の曲面 S に対して成立するためには，被積分関数が等しい必要があります。よって，

$$\nabla \times \boldsymbol{E} = -\frac{\partial B}{\partial t}$$

という，空間の各点での電場と磁場の関係式が導かれます。

この式は，マクスウェル方程式の１つで，磁場 $\boldsymbol{B}$ の時間的変化によって誘導

電場 E が生じることを表しています。

電磁制動

ところで，コの字型コイルの上を走る導体棒 AB について，**外力がする仕事率**を考えてみよう。

CD 間の長さを L〔m〕，この間の電気抵抗を R〔Ω〕，導体棒 AB の長さも L〔m〕（今後は導線 AB とよびます）とし，コイルの枠に沿って導線 AB を速度 v〔m/s〕で強制的に動かす場合について考察してみましょう。

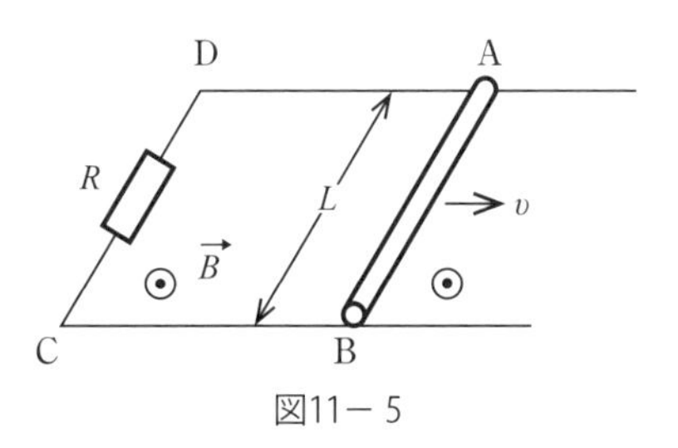

図11－5

A から B に流れる電流 I は，$I = \dfrac{V_e}{R} = \dfrac{vBL}{R}$〔A〕なので，導線 AB に作用する力 F は，$F = ILB = \dfrac{vBL}{R}LB = \dfrac{B^2L^2v}{R}$〔N〕となります。力の向きは，図11－5の左向きで，導線 AB に対してブレーキをかける向きである。このときの仕事率 P は，$P = Fv$ より，

$$P = Fv = \frac{B^2L^2v}{R}v = \frac{(BLv)^2}{R} = \frac{V_e^2}{R} = IV_e \text{〔W〕}$$

です。

$P = \dfrac{V_e^2}{R} = IV_e$ は，この回路での電力なので，外力 F がした仕事は抵抗 R でジュール熱として消費され，外力がした仕事はこの系には残りません。したがって，導体 AB が加速し，運動エネルギーが増加したなどということは生じません。

例えば，導線 AB を右側に引くのに，コイルの右端に滑車を取りつけ，質量 m

11 電磁誘導

〔kg〕の重りをつるし静かに放したとすると，重りはすばやく終端速度に達し，その後は，重りも導線 AB も等速直線運動をします。重りが失う位置エネルギーは，コイルにおいてジュール熱として消費されるので，やはり，このシステムのエネルギーは増加しません。

このように，磁場の中で，導線が動くとき，誘導電流が磁場から受ける力は，必ず導線の運動を妨げる向きに作用します。この現象を**電磁制動**といいます。またコイルは，力学でいうところの質量のように変化を拒む性質を持っているといえ，慣性をもっていると考えることもできます。

渦電流とかわむらのコマ

電磁誘導は，回路だけでなく，一般の導体にも生じます。円形の銅板やアルミ板を磁石に対して図11－6(a)のように回転させると，同図(b)のように円板上に誘導電流が流れます。この電流を**渦電流**（うず）といいます。

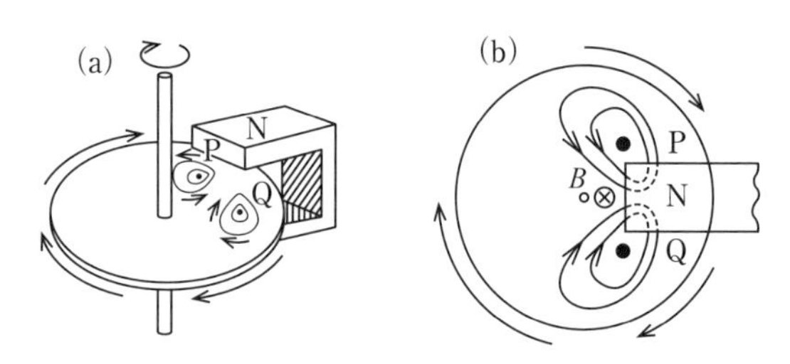

図11－6　渦電流

円板が回転すると，点 P の付近の磁束は増加するので，レンツの法則により，その変化を打ち消すような向きの磁束（上向き）をつくるように渦電流が流れます。点 Q の付近では磁束が減少するので，レンツの法則により，下向きの磁束をつくるように渦電流が流れます。

渦電流が流れると，フレミングの法則にしたがう力を受けます。

逆の発想をすると，金属円板の下で磁石を回転させても，円板は磁石の回転方向に回転し始めます。この実験を教育実験としたものを，**かわむらのコマ**といい，図11－7(a)に示すものです。かわむらのコマでは，その図柄として，ベンハムのこまやニュートンの７色こまを回して，こまとしての楽しみもできますが，加色混合などの実験もできます。さらにその上でアニメを描いてゾートロープにすることもできます（同図(b)）。

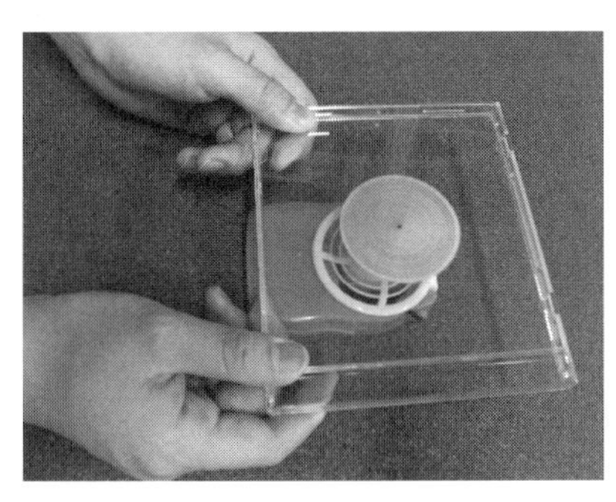

(a) かわむらのコマ

(b) かわむらのコマでのゾートロープ

図11－７

同様に，回転している金属円板に磁石を近づけると電磁制動が生じ，金属円板は止まります。このとき，渦電流によってジュール熱が発生し，金属板の温度が上昇します。**電磁調理器**はこの原理を応用しています。

ところで，金属円板に，図11－８のように切れ込みを入れるとどうなるでしょうか。渦電流が，隙間に遮られて流れることができないので，回転は長続きし，しかも円板の温度も上昇しません。つまり，渦電流による影響を小さくすることができます。

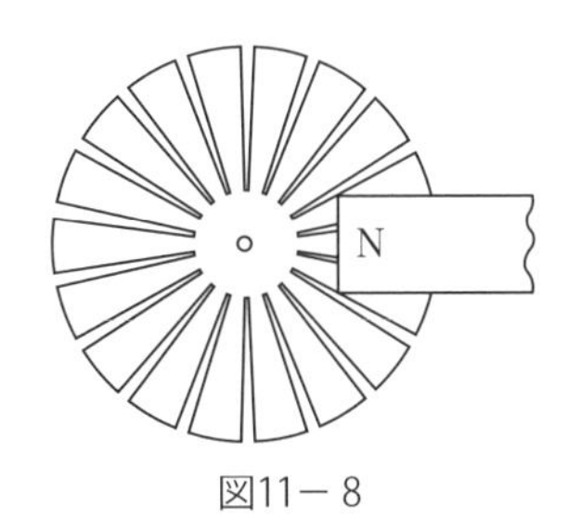

図11－８

12 自己誘導・相互誘導

電磁誘導によって，いろいろな現象があることがわかったと思います。この章では，電磁誘導によって生じる「自己誘導」，「相互誘導」，「過渡現象」などを扱います。さらに，これらをふまえて，磁場のエネルギーを求めてみたいと思います。

自己誘導

コイルに流れる電流が変化すると，その電流がつくる磁場が変化するので，電磁誘導により**逆起電力**が生じ誘導電流が流れます。この現象を**自己誘導**といいます。

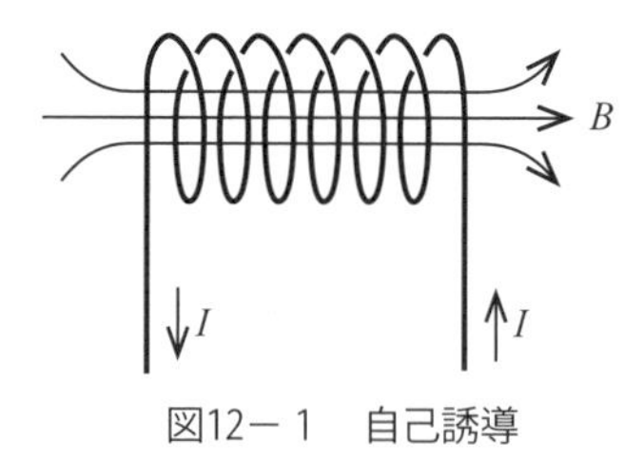

図12－1　自己誘導

コイルの全長をl〔m〕，1 m あたりの巻数をn，真空の透磁率をμ_0として，電流Iを流すと，このコイルに生じる磁束Φは，

$$\Phi = BS = \mu_0 HS = \mu_0 nIS$$

となります。もともとコイルには磁束がなかったのが，電流を流したために磁束

が Φ になるので，磁束の変化のため，コイルに逆起電力が生じます。その大きさ V は，

$$V = nl\frac{\mathrm{d}\Phi}{\mathrm{d}t} = nl\frac{\mathrm{d}(\mu_0 nIS)}{\mathrm{d}t} = \mu_0 n^2 IS\frac{\mathrm{d}I}{\mathrm{d}t}$$

となります。ここで，$L = \mu_0 n^2 IS$ とおくと，

$$V = -L\frac{\mathrm{d}I}{\mathrm{d}t}$$

と書けます。このときの比例定数 L は，**自己インダクタンス**といい，単位は〔H〕（ヘンリー）です。

相互誘導

ソレノイド1，2を，図12－2のように，向かい合わせて置きます。

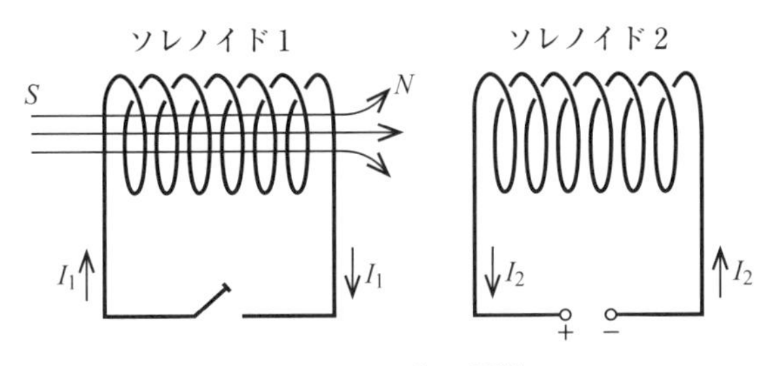

図12－2　相互誘導

ソレノイド1に電流 I_1 が流れると磁場 B_1 が生じ，これによりソレノイド1を貫く磁束は Φ_1 となります。そのほとんどが，ソレノイド2を貫くとします。その割合を k（$k < 1$）とすると，ソレノイド2を貫く磁束 Φ_2 は，磁束 Φ_1 の k 倍となります。

$B_1 = \mu_0 n_1 I_1$ より Φ_1 は，$\Phi_1 = B_1 S = \mu_0 n_1 I_1 S$ なので，Φ_2 は，

$$\Phi_2 = k\Phi_1 = kB_1 S = k\mu_0 n_1 I_1 S$$

となります。ここで，$M = k\mu_0 n_1 S$ とおくと，$\Phi_2 = MI_1$ と書けます。

電流 I_1 を時間的に変化させると，Φ_2 も変化するので，電磁誘導によってソレノイド2に誘導起電力が生じます。

$$V_2 = -\frac{\mathrm{d}\Phi_2}{\mathrm{d}t} = -M\frac{\mathrm{d}I_1}{\mathrm{d}t}$$

この現象を**相互誘導**といいます。比例定数 M を**相互インダクタンス**といい，単位は〔H〕(ヘンリー) となります。比透磁率 μ_s の鉄心を通すと M は μ_S 倍になります。

過渡現象

家庭の電気のスイッチを切ったときに火花が飛ぶ現象を体験したことはないでしょうか。これを再現する実験は次のようなものです。

コイルとネオン管（50 V 以上で点灯）を並列につないだ回路に乾電池を接続したとき，スイッチを入れてもネオン管は点灯しないが，切ったときには点灯するというものです。このことから，発生する誘導起電力 V は，**スイッチを入れたときより，スイッチを切ったときの方が大きい**ことがわかります。

さてその理由は，図12－3のグラフにみるように，ON で電流は徐々に増加するのに対し，OFF で電流は急激に0になるからです。

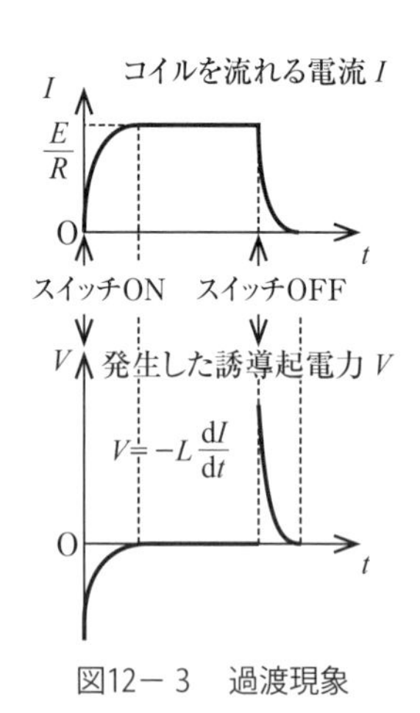

図12－3　過渡現象

磁場のエネルギー

図12－４のように，L〔H〕，内部抵抗 R〔Ω〕のコイルに電池をつなぎ，電流を流しました。このとき，電池のする仕事を求めることで，コイルに蓄えられるエネルギーについて考察してみましょう。あわせて，電場，磁場のエネルギーについても考えてみましょう。

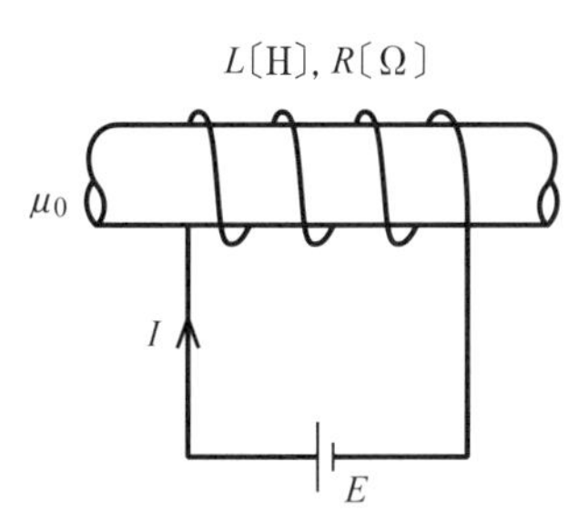

図12－４　磁場のエネルギー

キルヒホッフの法則より，

$$E - L\frac{\mathrm{d}q}{\mathrm{d}t} = RI$$

が成り立ちます。ところで，電流については $I = \dfrac{\mathrm{d}q}{\mathrm{d}t}$ より，$\mathrm{d}q = I\mathrm{d}t$ なので，短い時間 $\mathrm{d}t$ の間に乾電池がする仕事 $\mathrm{d}w$ は，

$$\mathrm{d}w = E \cdot \mathrm{d}q$$

$$E\mathrm{d}q = \left(L\frac{\mathrm{d}q}{\mathrm{d}t} + RI\right)\mathrm{d}q = \left(L\frac{\mathrm{d}q}{\mathrm{d}t} + RI\right)I\mathrm{d}t$$

$$\int E\mathrm{d}q = \int LI\mathrm{d}I + \int RI^2\mathrm{d}t$$

$$EQ = \frac{1}{2}LI^2 + \int RI^2\mathrm{d}t \quad ; Q = \int \mathrm{d}q$$

となります。EQ は，電池が t 秒間にした仕事で，$\int RI^2\mathrm{d}t$ はコイルの内部抵抗によるジュール熱，$\dfrac{1}{2}LI^2$ はコイルに蓄えられたエネルギーとみることができます。

これは，コンデンサーを充電する場合とよく似ています。コンデンサーに蓄えられた電気エネルギーは，極板間に生じた静電場のエネルギーとして存在しているとみることができました。電気容量 C〔F〕，極板間の電位差 V〔V〕のコンデンサーの場合，静電エネルギー U〔J〕は，

$$U = \frac{1}{2} CV^2 = \frac{1}{2}\left(\varepsilon_0 \frac{S}{\mathrm{d}}\right)(E\mathrm{d})^2 = \frac{\varepsilon_0 E^2}{2} S\mathrm{d}$$

となります。したがって，単位体積あたりの静電エネルギー，すなわち**電場のエネルギー密度** $\boldsymbol{u_e}$〔J/m^3〕は，

$$u_e = \frac{1}{2} \varepsilon_0 E^2 = \frac{1}{2} ED\text{〔J/m}^3\text{〕}$$ （D は電束密度といい，$D=\varepsilon_0 E$ である。）

となります。静電エネルギーと同じように，磁場のエネルギーを考えることができないでしょうか。$\frac{1}{2} LI^2$ をヒントに考えてみましょう。

コイルの全長を l〔m〕，巻数を n，断面積を S〔m^2〕とすると，自己インダクタンス L は，

$$L = \mu_0 n^2 lS\text{〔H〕}$$

となります。コイル内の体積は $V = Sl$ なので，

$$U = \frac{1}{2} LI^2 = \frac{1}{2} \mu_0 n^2 lS \cdot I^2 = \frac{1}{2} \mu_0 n^2 I^2 V\text{〔J〕}$$

と書けます。ところで，コイルの内部の磁束密度は $B = \mu_0 nI$〔T〕なので，

$$U = \frac{1}{2\mu_0} B^2 V\text{〔J〕}$$

となります。したがって，単位体積あたりの磁場のエネルギー，すなわち**磁場のエネルギー密度** $\boldsymbol{u_m}$〔J/m^3〕は，

$$u_m = \frac{1}{2\mu_0} B^2 = \frac{1}{2} \mu_0 H^2 = \frac{1}{2} BH\text{〔J/m}^3\text{〕}$$

であることがわかります。

以上から，外部からの電気的な仕事は，このコイル内部の磁場のエネルギーとして蓄えられることがわかります。磁場のエネルギー密度 u_m と，電場のエネルギー密度 u_e は同じ形をしています。

さて，磁場のエネルギーを微積分を使わないで，図12－5のグラフから求めて

みましょう。

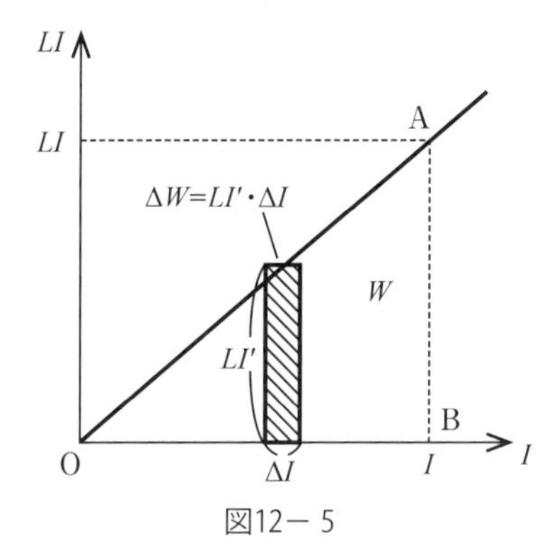

図12－5

上図のグラフの仕事 W を求めると，磁場のエネルギーがわかります。

$$W = \Sigma \Delta W$$

$$\Delta W = P \cdot \Delta t = I'V \cdot \Delta t = I' \cdot L \frac{\Delta I}{\Delta t} \cdot \Delta t = LI' \cdot \Delta I$$

$$\therefore \Delta W = LI' \cdot \Delta I$$

この面積を加え合わせていくと，最終的には△OABの面積となるので，

$$U = \frac{1}{2} LI^2 \text{〔J〕}$$

となることがわかります。

13 交　流

普段，電気といえば，乾電池のように直流を考えがちですが，毎日，電気コンセントから来ている電気は交流です。交流は，電流の流れる向きが，プラス向き，マイナス向きと交互に変化します。火力発電や水力発電，原子力発電，風力発電を含め，発電機を回すタイプの発電はすべて交流です。

交流発電機

ファラデーの電磁誘導の法則の発見のおかげで，私たちは毎日，電気を利用して快適な生活を送っています。それでは，交流発電はどうやって行っているのでしょうか？交流発電機のしくみをみてみましょう。

磁石のN極とS極を向かい合わせて磁場を作ります。その間の磁場の強さを B

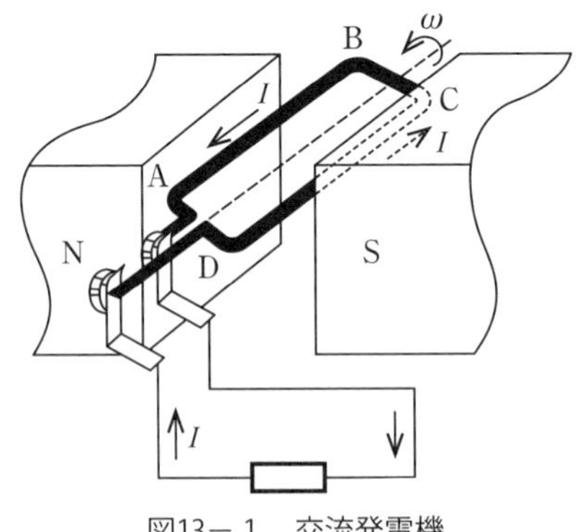

図13－1　交流発電機

〔T〕としましょう。この中で，長方形の形をした1巻のコイルを磁場に垂直な軸のまわりに回転させます。コイルの各辺に長さを a〔m〕，b〔m〕とし，コイルの回転の角速度を ω〔rad/s〕とします。

時刻0秒のとき，コイルの面を磁場に対して垂直にしておきます。このとき，コイルを貫く磁束 Φ_0〔Wb〕は，

$$\Phi_0 = BS_0 = Bab$$

となり，磁束の値は最大です。鏡を手でもって太陽光線を反射させる実験をイメージすると，太陽光線に対して鏡を直角になるように手でもっているのと同じです。

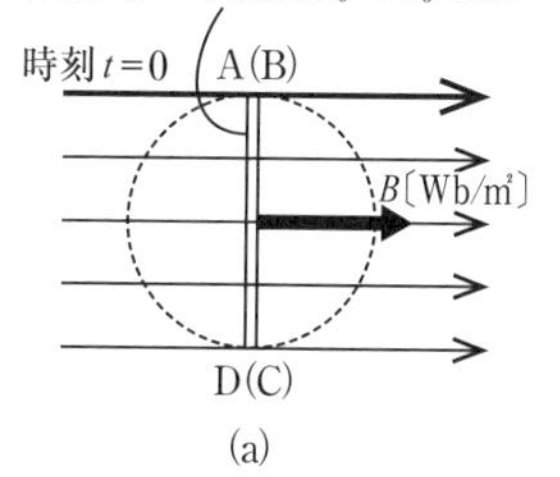

図13－2　回転するコイルと磁束の変化

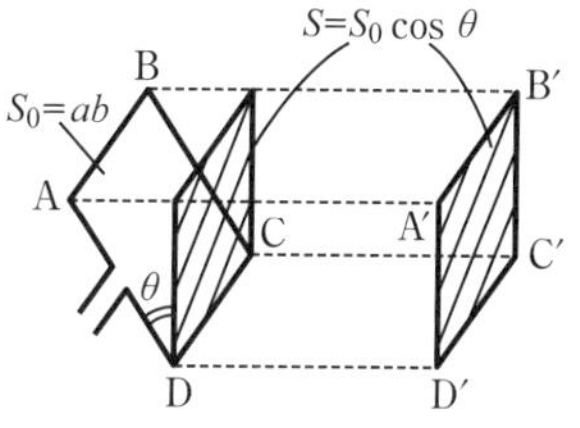

図13－3　傾いた面が受ける磁束

t 秒だけ時間がたつと，コイルを貫く磁束 Φ〔Wb〕は，

$$\Phi = \Phi_0\cos\theta = \Phi_0\cos\omega t$$

と減ります。ここで，磁束が，時間的に変化したため，誘導起電力が発生します。その起電力 V は，ファラデーの磁場誘導の式を用いると，

$$V = -\frac{\mathrm{d}\Phi}{\mathrm{d}t}$$

となります。さらに時刻 $t+\Delta t$ の磁束を Φ' とすると，$\Phi' = \Phi_0\cos\omega\ (t+\Delta t)$ となるので，磁束の変化 $\Delta\Phi$ は，

$$\Delta\Phi = \Phi' - \Phi = \Phi_0\cos\omega(t+\Delta t) - \Phi_0\cos\omega t$$
$$= \Phi_0(\cos\omega t\cos\omega\Delta t - \sin\omega t\sin\omega\Delta t - \cos\omega t)$$

となります。$\omega\Delta t$ は極めて小さいので，$\sin\omega\Delta t \fallingdotseq \omega\Delta t$，$\omega\Delta t \fallingdotseq 1$ です。したがって，

13 交流

$$\frac{\Delta\Phi}{\Delta t} = -\frac{\Phi_0\omega\Delta t\cdot\sin\omega t}{\Delta t} \qquad \therefore V = -\frac{\Delta\Phi}{\Delta t} = \omega\Phi_0\sin\omega t\text{〔V〕}$$

となります。

Φ を微分して求めると，

$$V = -\frac{\mathrm{d}\Phi}{\mathrm{d}t} = -\frac{\mathrm{d}}{\mathrm{d}t}(\Phi_0\cos\omega t) = -\Phi_0\frac{\mathrm{d}}{\mathrm{d}t}\cos\omega t = \omega\Phi_0\sin\omega t$$

です。こちらの方がより簡単ですね。ただし，微積の知識がちょっと必要です。ここで $\omega\Phi_0$ を V_0 とおくと，

$$V = V_0\sin\omega t\text{〔V〕}$$

と書けます。これで，交流発電機で発生する交流電圧がわかります。

また，コイルが n 巻のときには，$V_0 = n\omega\Phi_0$ となります。つまり，パワーアップするということです。

ところで発電により電流を取りだすとき，コイルには運動を妨げる向きに力が加わります（電磁制動）。そのため，コイルを回転させ続けるには，外部から仕事を加え続けなければなりません。これが，水力発電の水の落下によるエネルギーの供給や，火力発電や原子力発電の蒸気タービンへあたえるエネルギーが必要になる理由です。

外部から仕事を加えないといけないことは，閉じた回路につないだコイルを手で回すと，重く感じることからもわかります。回路がつながっていないときは，電流が流れないためコイルは楽にまわります。

コイルの回転の角速度を ω〔rad/s〕とするとき，交流の周期 T〔s〕は $T = \dfrac{2\pi}{\omega}$，周波数 f〔Hz〕は $f = \dfrac{1}{T} = \dfrac{\omega}{2\pi}$ です。東日本では50 Hz，西日本では60 Hz です。交流は A.C.，直流は D.C. と表します。

直流発電機

交流発電のしくみがわかったと思いますが，直流はどうやって発電するので

しょうか？　そのしくみをみてみましょう。直流発電機は，交流発電機で使うすべり環のかわりに，整流子を利用します。これは直流モーターと同じですね。

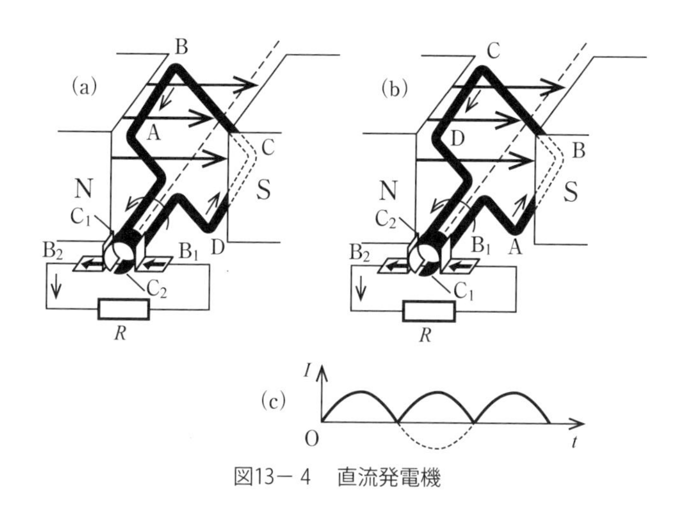

図13－4　直流発電機

整流子は，コイルが１組の場合には，すべり環を互いに絶縁されたC_1，C_2に２等分します。コイルが２組の場合には４等分，n組の場合には$2n$等分にし，電機子コイルの先端に接続します。電機子コイルは，整流子を通してブラシ（B_1，B_2）に接続されています。直流発電機では，コイル内を流れる電流の向きは周期的に変わりますが，外部抵抗を流れる電流の向きは一定になります。

図13－４(a)では，誘導電流はコイル内をD→C→B→Aの向きに流れ，外部抵抗Rに対しては，整流子C_1が正極となり，外部抵抗をB_2→抵抗R→B_1の向きに流れます。コイルが180°回転して，図13－４(b)の位置にくると，電流はコイル内をA→B→C→Dの向きに流れ，外部抵抗Rに対して，整流子C_2が正極となり，外部抵抗をB_2→抵抗R→B_1の向きに流れます。つまり，外部抵抗を流れる電流の向きは一定になることがわかります。

簡単な話としては，直流モーターの軸をぐるぐると回転させると，直流が発電できるというわけです。

直流発電機では，外部抵抗を流れる電流は，サイン波の負の部分が折り返されて正となります。このような電流を**脈流**といいます。また，n対の磁極，あるいは，コイルをもつ発電機では，図13－５に示すような電流が流れます。

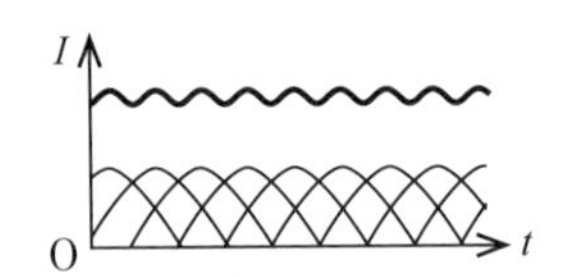

図13－５　$n=3$の場合の直流発電機による電流

実効値

交流発電機の出力電圧 V〔V〕は，$V = V_0 \sin\omega t$〔V〕でした。この電圧は時間とともに変化します。なので，この電圧をとらえて，「この電源電圧は何Vです」というのは難しいです。電圧だけでなく，電流も変化しますね。その様子が図13－6です。

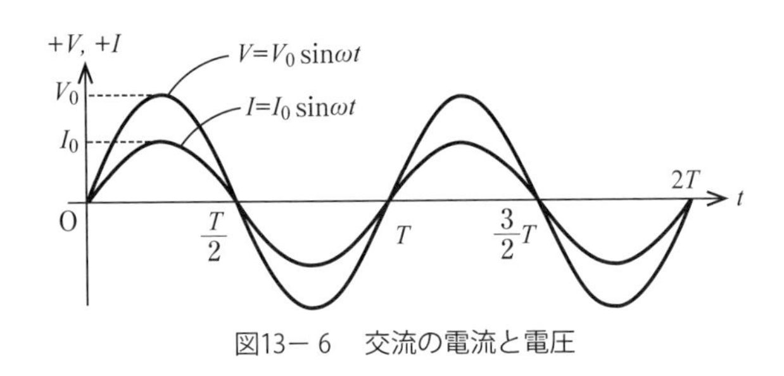

図13－６　交流の電流と電圧

サイン波なので，特定の時刻を指定すると，その瞬間の電源電圧の大きさや電流の大きさは表現できますが，時刻を指定していない場合は，どうしたらいいのでしょうか。そこでクエッション！

その１.平均値を用いる
その２.最大値を用いる
その３.直流と比べて同じ仕事をする電流値・電圧値を用いる

さて，どれが正解でしょうか？

平均値を用いた場合！　電源電圧がサイン波であたえられると，電流もサイン波であたえられます。このときの電源電圧の平均値は次のようになります。図13－７のＡの部分の面積とＢの部分の面積は同じなので，１周期の平均をとると０になります。

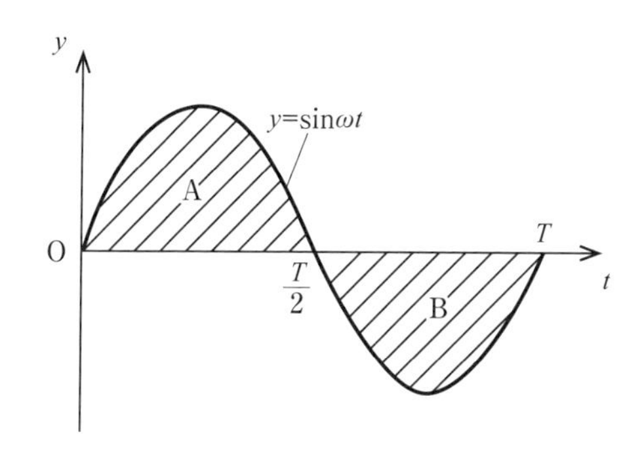

図13－７　平均値を用いると１周期の平均は０となる

つまり，正弦波の１周期の積分をとると，

$$\int_0^T \sin\omega t dt = 0$$

と０になります。電源電圧の１周期の平均値も，電流の１周期の平均値も０となり，１周期の平均をとっても無意味です。

$$\bar{V} = \frac{\int_0^T V_0 \sin\omega t dt}{T} = 0, \quad \bar{I} = \frac{\int_0^T I_0 \sin\omega t dt}{T} = 0$$

別の方法を考えないといけないことになります。最大値勝負でも０の瞬間もあるため，話にならないですね。それでは，直流と同じ仕事をする直流の電流値・電圧値で表現する方法を用いてみましょう。

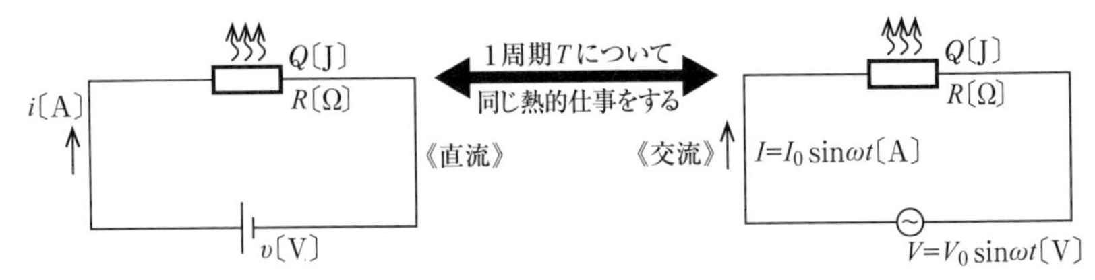

図13－8　直流がする仕事と同じ仕事をするという考え

直流がする仕事 Q_1

$$Q_1 = \frac{v^2}{R}T$$

交流がする仕事 Q_2

$$Q_2 = \int_0^T \frac{V^2}{R}\mathrm{d}t = \frac{{V_0}^2}{R}\int_0^T \sin^2 \omega t\mathrm{d}t$$

両者の仕事が等しいと考えるので，$Q_1 = Q_2$として，

$$\frac{v^2}{R}T = \frac{{V_0}^2}{R}\int_0^T \sin^2 \omega t\mathrm{d}t \qquad \therefore v^2 T = {V_0}^2 \frac{T}{2} \qquad v = \frac{V_0}{\sqrt{2}}〔\mathrm{V}〕$$

となります。

これを**交流電圧の実効値**といいます。交流電圧の実効値を V_e とすると，

$V_e = \dfrac{V_0}{\sqrt{2}}$となります。

これで電圧の実効値が求まりましたが，電流の実効値はどのように求めればよいでしょうか。同様に，直流がする仕事と比べてみましょう。

直流がする仕事 Q_1

$$Q_1 = Ri^2 T$$

交流がする仕事 Q_2

$$Q_2 = \int_0^T RI^2\mathrm{d}t = R{I_0}^2\int_0^T \sin^2 \omega t\mathrm{d}t$$

$Q_1 = Q_2$より，$Ri^2 T = R{I_0}^2\int_0^T \sin^2 \omega t\mathrm{d}t$

$$\therefore i^2 T = {I_0}^2 \frac{T}{2} \qquad i = \frac{I_0}{\sqrt{2}}〔\mathrm{A}〕$$

となります。これを**交流電流の実効値**といいます。交流電流の実効値を I_e とすると，$I_e = \dfrac{I_0}{\sqrt{2}}$となります。

以上から，

瞬時値（瞬間値） $\begin{cases} V = V_0 \sin\omega t \\ I = I_0 \sin\omega t \end{cases}$ の交流の実効値は $\begin{cases} V_e = \dfrac{V_0}{\sqrt{2}} = 0.\ 707e_0 \\ I_e = \dfrac{I_0}{\sqrt{2}} = 0.\ 707i_0 \end{cases}$

したがって，電力の平均 $\bar{P}$ は，

$$\bar{P} = \frac{I_0 V_0}{2} = I_e V_e [\mathrm{W}]$$

となります。

さて，これ以降，電流・電圧の瞬時値，最大値，実効値をそれぞれ，$(I,\ V)$，$(I_0,\ V_0)$，$(I_e,\ V_e)$ と書くことにします。

最大値20 A の交流電流の実効値は，$I_e = \dfrac{20}{\sqrt{2}} = 10\sqrt{2} = 14.\ 1$ A となります。また，実効値100 V の交流電圧の最大値は，

$$V_e = \frac{V_0}{\sqrt{2}} = 100$$

より，

$$V_0 = 100\sqrt{2} = 141 \text{ V}$$

となります。

実効値は瞬時値の 2 乗（square）の 1 周期の平均（mean）値の平方根（root）です。すなわち，$\sqrt{(\text{瞬時値})^2\text{の平均}}$ です。

普通，交流電流，交流電圧の値は実効値を指すので，交流電流計，交流電圧計の目盛は実効値を示しています。電力の値は平均値を意味します。

電流・電圧の波形は，サイン波に限りません。いろいろな波形をもっています。非正弦波電圧，電流の実効値は，その直流分，基本波および高周波の各成分につき実効値を求め，その 2 乗和の平方根として求めます。その結果を次の表に示しました。

表13－１　RMS 値（Root mean square）

波形		実効値
三角		$1/\sqrt{3} = 0.577$
のこぎり歯		$1/\sqrt{3} = 0.577$
正弦		$1/\sqrt{2} = 0.707$
正弦半波整流		$1/2 = 0.500$
正弦全波整流		$1/\sqrt{2} = 0.707$
矩形		$1 = 1.000$

14 交流回路

交流回路も直流回路と同じく，オームの法則やキルヒホッフの法則を，時々刻々，瞬時に適応することができます。ところで，交流回路では，直流回路ではみられなかった交流独特の抵抗があります。これをインピーダンスといいます。また，コイルとコンデンサーは特別な役割を果たします。ぜひ，その役割をフル活用できるよう理解しましょう。

抵抗 R に流れる交流

交流電源に，抵抗値が R〔Ω〕の抵抗 R のみを接続した場合について考えてみましょう。

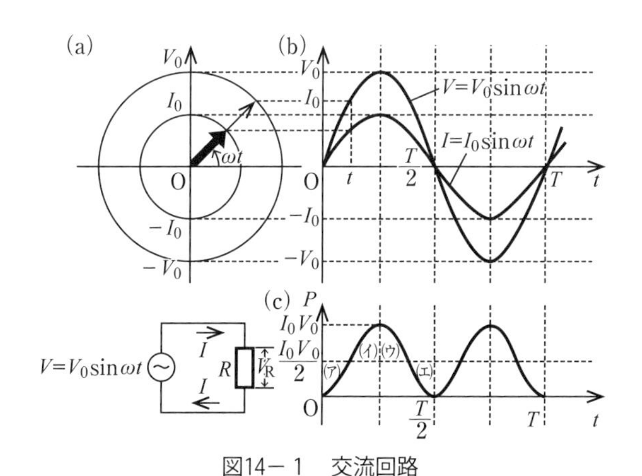

図14－1　交流回路

電源電圧を $V = V_0 \sin\omega t$〔V〕とすると，抵抗を流れる電流 I は，オームの法則より，

$$I = \frac{VR}{R} = \frac{1}{R}(V_0 \sin\omega t) = \frac{V_0}{R} \sin\omega t \text{〔A〕}$$

となります。ここで，$I_0 = \frac{V_0}{R}$ とおくと，

$$I = I_0 \sin\omega t \text{〔A〕}$$

となり，電源電圧 V と，抵抗を流れる電流 I との間には，位相のずれがなく，同位相のまま時間的に変化します。

電流の実効値と電圧の実効値との間でのオームの法則は，

$$\frac{V_0}{\sqrt{2}} = R \frac{I_0}{\sqrt{2}} \qquad i.e. \quad V_e = RI_e$$

と書けます。図14－1(c)のグラフの曲線と横軸で囲まれた面積は，抵抗で t〔s〕間に消費された電力量を表します。（ア）の面積＝（イ）の面積＝（ウ）の面積＝（エ）の面積となるので，平均電力は，

$$\bar{P} = \frac{1}{2} V_0 I_0 = V_e I_e \text{〔W〕}$$

となります。

コイルLに流れる交流

次の図のように，自己インダクタンスが L のコイルLと白熱電球を直列に接続し，これに直流電圧をかけたときと，直流電圧に等しい実効値をもった交流電圧をかけた場合とを比べると，どちらが明るく点灯するでしょうか。

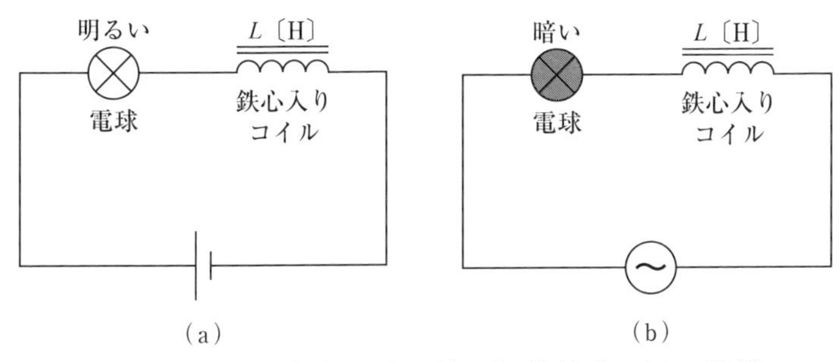

図14－2　交流・直流につないだ電球の比較（コイルの場合）

実は，交流の方が暗くなります。その理由は，**逆起電力**が生じるからです。

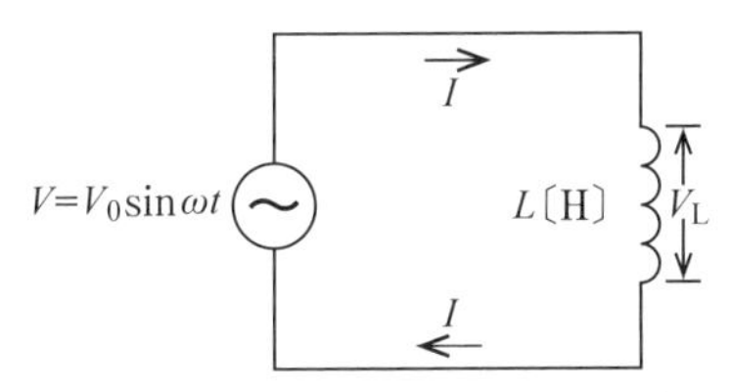

図14－3　コイルLに流れる交流

コイルLに電流 $I = I_0\sin\omega t$ が流れるとき，コイルLに生じる逆起電力は，

$$V_L = -L\frac{dI}{dt}〔V〕$$

となります。したがって，キルヒホッフの法則より，

$$V + V_L = 0$$

$$V = -V_L = -\left(-L\frac{dI}{dt}\right) = L\frac{dI}{dt}$$

$$= L\frac{d}{dt}(I_0\sin\omega t) = \omega LI_0\cos\omega t = \omega LI_0\sin\left(\omega t + \frac{\pi}{2}\right)〔V〕$$

ここで，$V_0 = \omega LI_0$ とおけば，

$$V = V_0\sin\left(\omega t + \frac{\pi}{2}\right)〔V〕$$

となります。この数式から，**電源電圧の位相は，コイルを流れる電流の位相より $\frac{\pi}{2}$ 進んでいる**ことがわかります。逆に電流の位相は，交流電圧の位相より $\frac{\pi}{2}$ 遅れているので，交流電圧の位相を基準にとれば，交流電流は，

14
交流回路

$$I = I_0 \sin\left(\omega t - \frac{\pi}{2}\right) \text{〔A〕}$$

となります。

コイルに交流が流れようとすると，自己誘導により逆起電力が生じ，電流が流れにくくなり，結果，$\frac{\pi}{2}\left(=\frac{T}{4}\right)$ だけ位相が遅れます。

自己誘導によって生じる交流に対する抵抗を，**誘導リアクタンス**といい，X_{L} で表します。また，単位は〔Ω〕を用います。オームの法則 $V = X_{\mathrm{L}} I$ より，

$$X_{\mathrm{L}} = \omega L = 2\pi f L \text{〔Ω〕}$$

となります。

自己インダクタンスが大きいほど，また，交流の周波数 f が大きいほど，誘導リアクタンスは大きいことがわかります。

ところでいま，小さな電流がほしいとします。抵抗を用いるとジュール熱が発生し，電力損失が生じるので，**チョークコイル**を利用して，電力損失が生じないように小さな電流を得るようにします。チョークコイルは，自己誘導を利用して，回路に交流を流れにくくする部品というわけです。

ところで，コイルで消費される電力 P は，

$$P = VI = V_0 \sin\omega t \cdot I_0 \sin\left(\omega t - \frac{\pi}{2}\right) = V_0 I_0 \sin\omega t \cdot (-\cos\omega t) = -\frac{V_0 I_0}{2}\sin 2\omega t$$

$$(\because \sin 2\theta = 2\sin\theta\cos\theta)$$

となります。

電力 P は，$\frac{T}{4}$ ごとに正になったり負になったりするため，平均電力 $\bar{P}$ は，$\bar{P} = 0$ となり，コイルでは電力を消費しないことがわかります。ラッキー！ですね。

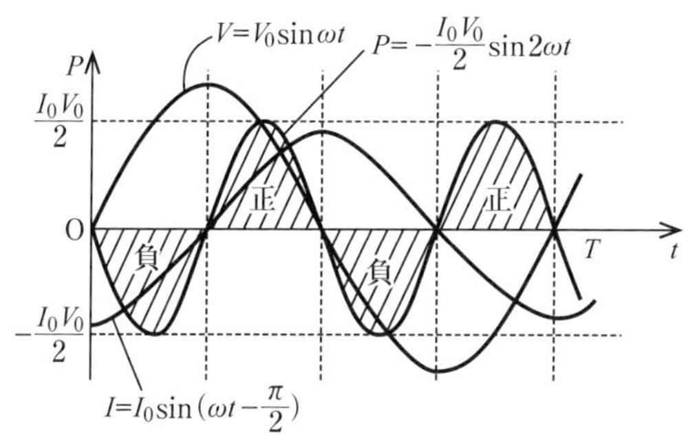

図14－４　コイルＬをつないだときの電力 P

ちょっとつっこんで，このことを物理的学にみてみると，消費電力が正の場合はコイル内の磁場にエネルギーが蓄えられ，負の場合はコイル内の磁場から電源にエネルギーが戻されます。

電気容量がＣのコンデンサーに流れる交流

次の図14－５のように，コンデンサーと白熱電球を直列に接続します。この回路に直流電圧を加えると，電球は一瞬だけ点灯して消えます（同図(a)）。しかし，交流電圧を加えた場合，電球は点灯し続けます（同図(b)）。

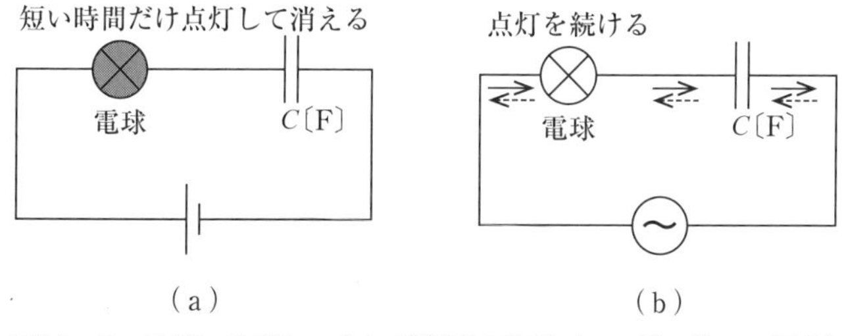

図14－５　交流・直流につないだ電球の比較（コンデンサーの場合）

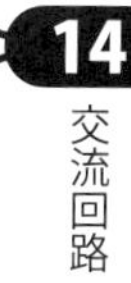

直流では，コンデンサーがあるため，これを充電する間だけ回路に電流が流れますが，充電の完了とともに回路に電流は流れなくなります。一方，交流では，電圧の大きさや向きが周期的に変わるので，コンデンサーは充放電を繰り返し，

電流が流れ続けたと考えることができます。

電気容量 C〔F〕のコンデンサーに f〔Hz〕の交流電圧 $V = V_0 \sin\omega t$〔V〕をかけたとき回路に流れる電流についてみてみましょう。

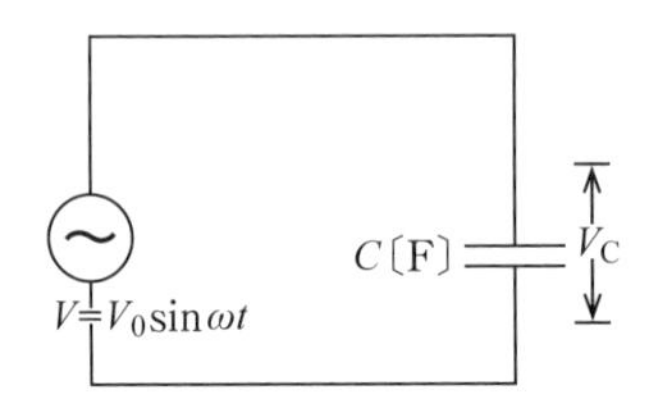

図14－6　コンデンサーCに流れる交流

極板間の電圧を V_C〔V〕とすると，コンデンサーの極板に蓄えられる電気量 q は，$q = CV_C$ と書けます。電流 I は，$I = \dfrac{dq}{dt}$ より，

$$I = \frac{dq}{dt} = \frac{d}{dt}(CV_C) = C\frac{d}{dt}V_0\sin\omega t = \omega CV_0\cos\omega t$$

$$\therefore I = \omega CV_0\sin\left(\omega t + \frac{\pi}{2}\right)$$

ここで，$\omega CV_0 = I_0$ とおくと，

$$I = I_0\sin\left(\omega t + \frac{\pi}{2}\right)\text{〔A〕}$$

となります。

コンデンサーに流れる電流の位相は，電源電圧の位相よりも $\dfrac{\pi}{2}\left(=\dfrac{T}{4}\right)$ だけ進んでいます。コンデンサーの容量 C が小さいと，少ししか電流が流れ込まないのにすぐに電圧が上がってしまい，それ以上電流が流れ込めなくなってしまいます。そのため電流は小さくなって，交流電流は流れにくくなります。また，周波数 f が小さいと周期 T が大きく，同じ電圧になるまで充電するのに長時間かかり，単位時間あたりの電気量の移動が小さく電流が小さくなります。交流に対するコンデンサーのこの抵抗を**容量リアクタンス**といい X_C で表します。単位は〔Ω〕です。オームの法則 $V = X_C I$ より，

$$X_C = \frac{1}{\omega C} = \frac{1}{2\pi fC}\text{〔Ω〕}$$

です。

電気容量 C が小さいほど，また，交流の周波数 f が小さいほど，容量リアクタンスは大きくなります。

また，コンデンサーでは耐電圧が破られないかぎり，極板間での放電は起こらないので，実際，コンデンサーには電流は流れていません。

コンデンサーで消費される電力は，電流に対する電圧の位相が $\frac{\pi}{2}$ だけ遅れるので，コイルの場合と同様に，ゼロです。つまり，電力を消費しません。コイルと同じくラッキー！ですね。

$$P = VI = V_0 \sin\omega t \cdot I_0 \sin\left(\omega t + \frac{\pi}{2}\right) = V_0 I_0 \sin\omega t \cdot \cos\omega t = \frac{V_0 I_0}{2} \sin 2\,\omega t$$

$$\therefore \quad \bar{P} = 0$$

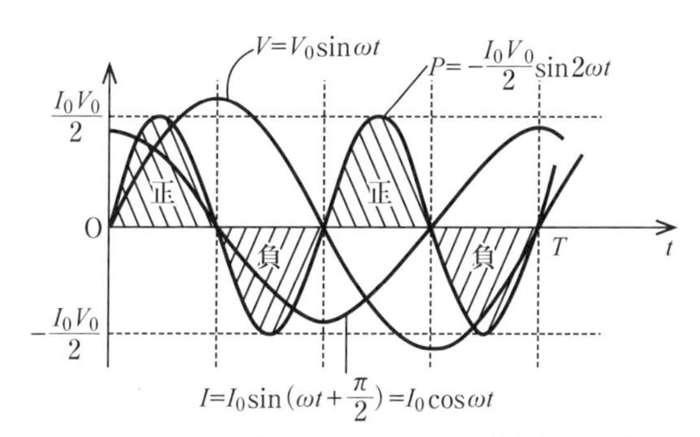

図14－7　コンデンサー C をつないだときの電力 P

RLC 直列回路

電源に，電気抵抗，コイル，コンデンサーを直列に接続した回路について考えてみましょう。

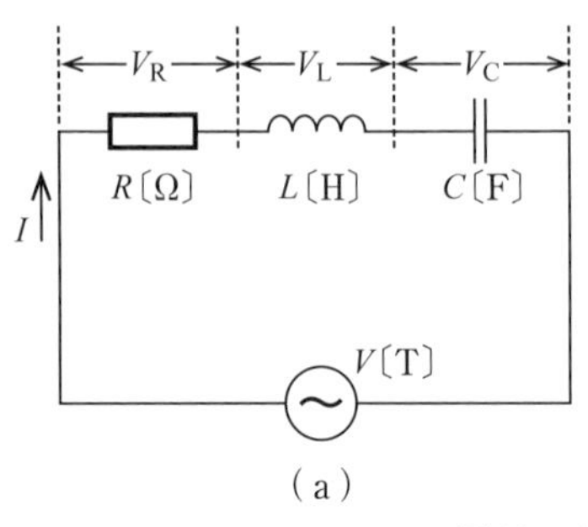

（a）

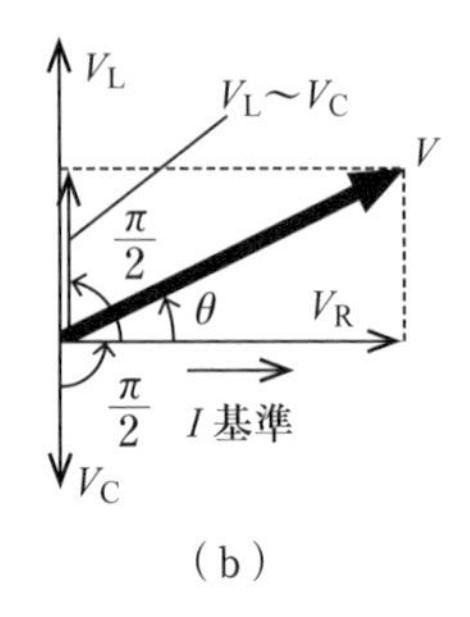

（b）

図14－8

回路を流れる電流を$I = I_0 \sin\omega t$とし，電気抵抗をR〔Ω〕，コイルの自己インダクタンスをL〔H〕，コンデンサーの電気容量をC〔F〕とします。抵抗の両端の電圧をV_R，コイルの両端の電圧をV_L，コンデンサーの両端の電圧をV_Cとします。**直流回路においては，それぞれの部品を流れる電流の同時刻の瞬時値は等しくなります。**

この電流に対して，抵抗に加わる電圧は同位相，コイルに加わる電圧は$\frac{\pi}{2}$だけ進み，コンデンサーに加わる電圧は$\frac{\pi}{2}$だけ遅れるので，

$$V_R = V_{R0}\sin\omega t,\quad V_L = V_{L0}\sin\left(\omega t + \frac{\pi}{2}\right),\quad V_C = V_{C0}\sin\left(\omega t - \frac{\pi}{2}\right)$$

となります。したがって，電源電圧Vは，これらの**ベクトルの和**になります。

$$V_0{}^2 = V_{R0}{}^2 + (V_{L0} - V_{C0})^2$$

交流電流の位相が0のときの，電源電圧をV_0，電気抵抗の両端の電圧をV_{R0}，コイルの両端の電圧をV_{L0}，コンデンサーの両端の電圧をV_{C0}とすると，それぞれ$V_0 = ZI_0$，$V_{R0} = RI_0$，$V_{L0} = \omega LI_0$，$V_{C0} = \frac{1}{\omega C}I_0$なので，

$$(ZI_0)^2 = (RI_0)^2 + (\omega LI_0 - \frac{1}{\omega C}I_0)^2 = \left\{R^2 + (\omega L - \frac{1}{\omega C})^2\right\}I_0{}^2$$

$$\therefore\quad I_0 = \frac{V_0}{Z}\quad ただし\quad Z = \sqrt{R^2 + \left(\omega L - \frac{1}{\omega C}\right)^2}$$

となります。また，電源電圧，電流の実効値をそれぞれV_e，I_eとすると，

$$I_e = \frac{V_e}{Z}$$

となります。Zは，交流回路で全体の抵抗のはたらきをする量となり，これを**イ**

ンピーダンスといいます。その単位は〔Ω〕です。

電源電圧を $V = V_0 \sin\omega t$ とすると，電流は $I = I_0 \sin(\omega t - \theta)$ となります。このとき θ を**遅れ角**，あるいは**位相のずれ**といい，

$$\tan\theta = \frac{\omega L - \dfrac{1}{\omega C}}{R}$$

となります。

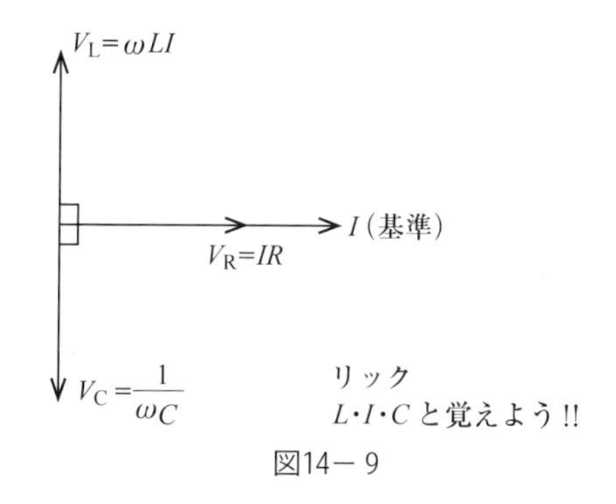

図14－9

ところで，この回路の抵抗の両端の電圧は電流 I の関数として $V_R = RI$，コイルの両端電圧は電流の時間変化の関数として $V_L = L\dfrac{dI}{dt}$，コンデンサーの両端電圧は蓄まっている電荷 Q の関数として $V_C = \dfrac{Q}{C}$ と書けます。この合計が電源電圧（起電力）$V = V_0 \sin\omega t$ と等しくなります。

$$V = V_R + V_L + V_C = L\frac{dI}{dt} + RI + \frac{Q}{C}$$

この式を時間 t で微分し，$\dfrac{dQ}{dt} = I$ を用いると

$$\frac{dV}{dt} = L\frac{d^2 I}{dt^2} + R\frac{dI}{dt} + \frac{1}{C}I = V_0 \omega \cos\omega t$$

となります。この方程式は，力学における**強制振動**と同じ形をしています。周期的に変化する力 $F = F_0 \cos\omega t$ と速度に比例する抵抗 $-2m\gamma v$ とばねの力 $-kx$ が作用している質量 m の質点の運動方程式，

$$m\frac{d^2x}{dt^2}+2m\gamma\frac{dx}{dt}+kx=F_0\cos\omega t$$

と同じ形をしています。

さて，この方程式を解くために，電流 I を $I=I_0\sin(\omega t-\theta)$ と仮定し，I_0 と θ を求めてみましょう。

電流を微分すると，$\frac{dI}{dt}=\omega I_0\cos(\omega t-\theta)$，$\frac{d^2I}{dt^2}=-\omega^2I_0\sin(\omega t-\theta)$ なので，

$$-L\left(\omega^2I_0\sin(\omega t-\theta)\right)+R\left(\omega I_0\cos(\omega t-\theta)\right)+\frac{1}{C}\left(I_0\sin(\omega t-\theta)\right)=V_0\omega\cos\omega t$$

両辺を ωI_0 で割ると，

$$-L\omega\sin(\omega t-\theta)+R\cos(\omega t-\theta)+\frac{1}{\omega C}\sin(\omega t-\theta)=\frac{V_0}{I_0}\cos\omega t$$

となるので，

$$\left[R\sin\theta-\omega L\cos\theta+\frac{1}{\omega C}\cos\theta\right]\sin\omega t+$$

$$\left[R\cos\theta+\omega L\sin\theta-\frac{1}{\omega C}\sin\theta-\frac{V_0}{I_0}\cos\omega t\right]=0$$

$$R\sin\theta-\left(\omega L-\frac{1}{\omega C}\right)\cos\theta=0$$

$$R\cos\theta+\left(\omega L-\frac{1}{\omega C}\right)\sin\theta=\frac{V_0}{I_0}$$

以上から，

$$I_0=\frac{V_0}{\sqrt{R^2+\left(\omega L-\frac{1}{\omega C}\right)^2}},\quad \tan\theta=\frac{\omega L-\frac{1}{\omega C}}{R},\quad Z=\sqrt{R^2+\left(\omega L-\frac{1}{\omega C}\right)^2}$$

RL 直列回路ではインピーダンス Z の $C\to\infty$ とし，**RC 直列回路**ではインピーダンス Z の $L=0$ とすれば，それぞれの Z と θ が定まります。

電力 P は，電源電圧，電流の実効値をそれぞれ V_e，I_e とすると，

$$P=V_eI_e\cos\theta$$

であたえられます。この $\cos\theta$ を**力率**といいます。

変圧器（transformer）

変圧器（トランス）は，相互誘導を利用して交流の電圧を変える装置で，電圧を上げる昇圧器（ブースター）と電圧を下げる降圧器とがあります。その基本的な構造は，共通の鉄心に2つのコイルを巻いたもので，1次コイルに任意の電圧をあたえ，2次コイルで希望の電圧を取り出せるようにしたものです。

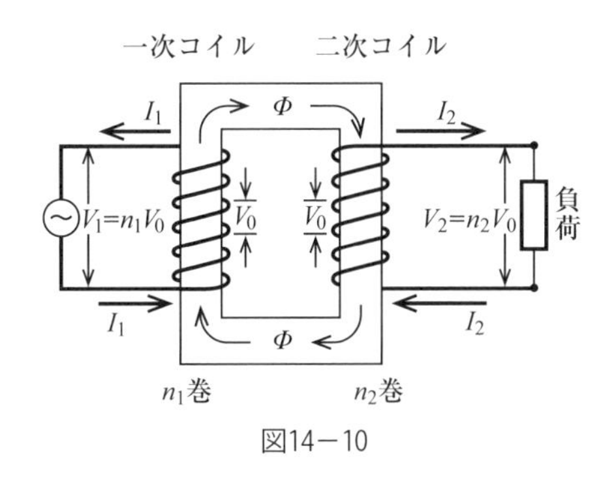

図14−10

1次コイル（巻数 n_1）に実効値が V_1〔V〕の電圧をあたえたとき，I_1〔A〕の電流が流れたとします。このとき，2次コイル（巻数 n_2）に生じる電圧を V_2〔V〕，流れる電流を I_2〔A〕とすると，それぞれいくらになるでしょうか？

この変圧器が，エネルギー損出のない理想的なものであれば，1次側の電力はすべて2次側に送られるので，

$$P = V_1I_1 = V_2I_2\text{〔W〕}$$

となります。電流と電圧は反比例の関係なので，電流が多く流れる側には太い線を巻きます。つまり電圧の低い側は太い線を巻き，電圧の高い側は電流量も少ないので細い線を巻きます。

1次コイルで生じた磁束 Φ がすべて2次コイルを貫くとすると，1次コイルの1巻きにかかる電圧は，2次コイルの1巻きにかかる電圧と等しいので，これを $V_0 = -\dfrac{\mathrm{d}\Phi}{\mathrm{d}t}$ とおくと，

$$V_1 = -n_1\frac{\mathrm{d}\Phi}{\mathrm{d}t} = n_1 V_0,\quad V_2 = -n_2\frac{\mathrm{d}\Phi}{\mathrm{d}t} = n_2 V_0$$

両辺を割り算すると，

$$\frac{V_1}{V_2} = \frac{n_1}{n_2} = \frac{I_2}{I_1}$$

よって，$V_2 = \dfrac{n_2}{n_1}V_1$，$I_2 = \dfrac{n_1}{n_2}I$，

となります。

しかし，実際の変圧器では，電流の一部がジュール熱となって損失が生じます。その主な原因は，**渦電流損**（うずでんりゅうそん），**銅損**，**鉄損**などです。

渦電流損とは，鉄心内に，渦電流を生じ，鉄の抵抗によりジュール熱が生じるための損失です。その対策としては，薄い絶縁をした鉄板を重ねて鉄心とします。続いて銅損とは，巻いている銅線によるジュール熱による損失のことです。鉄損は，磁極の変化による発熱のことです。その対策には，ヒステリシス曲線の囲む面積が小さいケイ素鋼板を用います。

電力輸送（送電）

発電所の発電機の起電力をE〔V〕，内部抵抗を 0 Ωとし，送電線の抵抗をr〔Ω〕，送電線を流れる電流をI〔A〕とします。

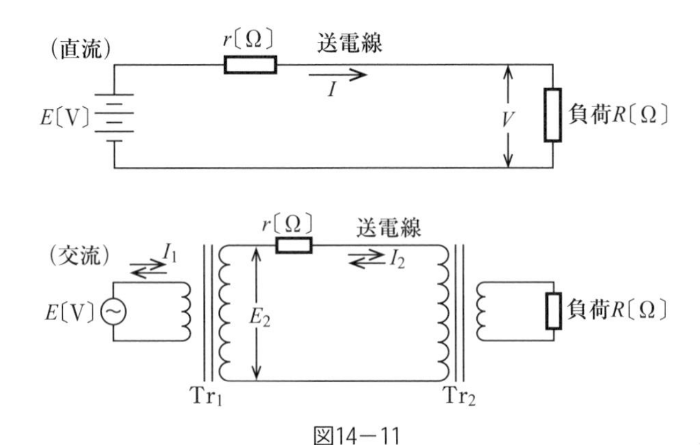

図14－11

このとき，負荷で得られる端子電圧 V〔V〕は，

$$E = V + rI$$

$$\therefore V = E - rI \text{〔V〕}$$

したがって，負荷で利用できる電力 P は，

$$P = VI = EI - rI^2 \text{〔W〕}$$

と減ります。送電線による**電力損失** $P' = rI^2$ を少なくするためには，主に次の2つの方法が考えられます。

①r を小さくする……送電線を太くすることですが，経済的に限度があります。

②I を小さくする……発電機が発電する電力は EI なので，E を大きくします。

②を実現するためには，交流発電を行うことが重要です。電圧を変えることは，かつて直流ではできませんでした。発電所で発電された数千 V の電圧は，変圧器 Tr_1 で十数万 V に引き上げられ，送電線で消費地近くの第一変電所まで送られます。そこで10000 V あるいは20000 V に引き下げられ，さらに住宅地近くの第二変電所で3300 V に下げられます。さらに電信柱の柱上変圧器で100 V に下げられて，家庭に届けられます。

15 共振と振動回路

充電したコンデンサーに電気抵抗をつないで放電すると，コンデンサーに蓄えられていた静電エネルギーは，短時間のうちに放電し，抵抗でジュール熱に変換されます。しかし，コイルを通して放電させると，交互に向きの変わる電流が流れます。このとき流れる電流を振動電流といい，この現象を電気振動といいます。

電気共振

図15－1(a)の回路で充電したコンデンサーに，同図(b)の回路のようにコイルを通して放電させて，そのときの電流の様子をオシロスコープでみてみましょう。同図(c)のように，交互に向きの変わる電流が流れます。これが振動電流です。

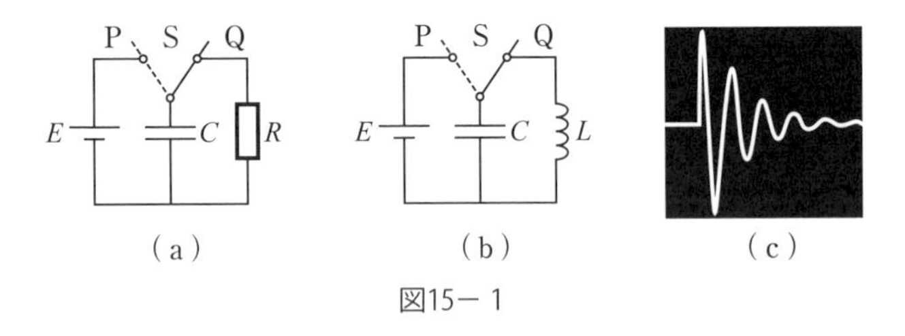

図15－1

同図(b)で，スイッチSをコイルの側に接続すると，コンデンサーは放電を始めますが，コイルの自己誘導のために電流の変化が妨げられます。そのため，瞬時に全て放電するのではなく，電流は徐々にしか増加しません。これは，図15－

2での（ア）～（ウ）にあたります。

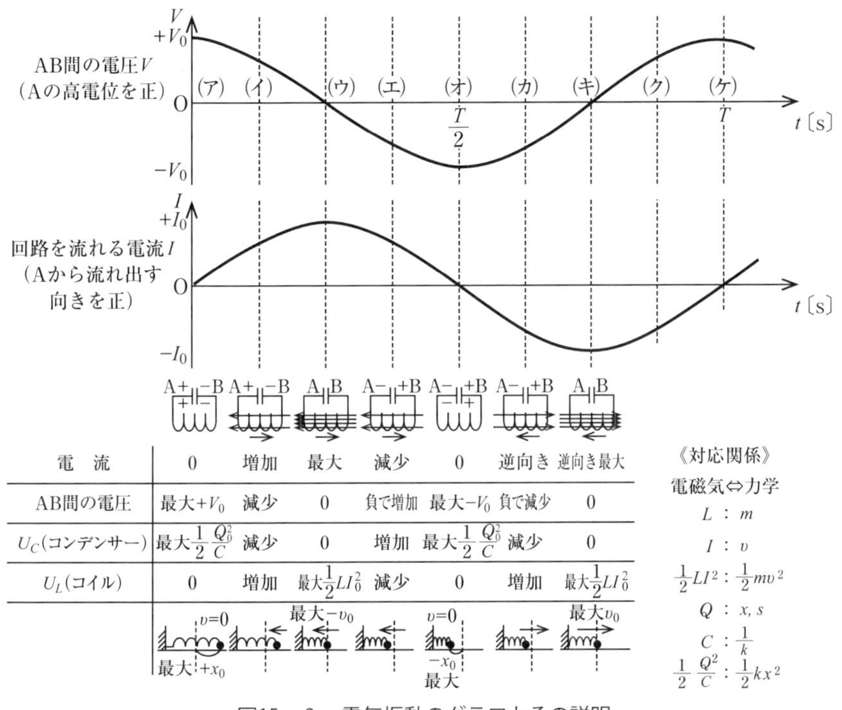

電　流	0	増加	最大	減少	0	逆向き	逆向き最大
AB間の電圧	最大$+V_0$	減少	0	負で増加	最大$-V_0$	負で減少	0
U_C(コンデンサー)	最大$\frac{1}{2}\frac{Q_0^2}{C}$	減少	0	増加	最大$\frac{1}{2}\frac{Q_0^2}{C}$	減少	0
U_L(コイル)	0	増加	最大$\frac{1}{2}LI_0^2$	減少	0	増加	最大$\frac{1}{2}LI_0^2$

図15－2　電気振動のグラフとその説明

（ウ）では，コンデンサーの電荷が0，つまり極板間の電圧が0になります。このとき，電流は最大になり，コイルの両端の電圧は0になります。しかし，自己誘導のため電流はすぐに0にはならず，減少しながらも同じ向きに流れ続けます。結果として，コンデンサーは初めと逆向きに充電されます。そのため（オ）～（ケ）のように，初めと逆向きに電流が流れ始めます。この繰り返しによって，振動電流が流れます。

では，この電気振動の周期Tと，周波数fを求めてみましょう。

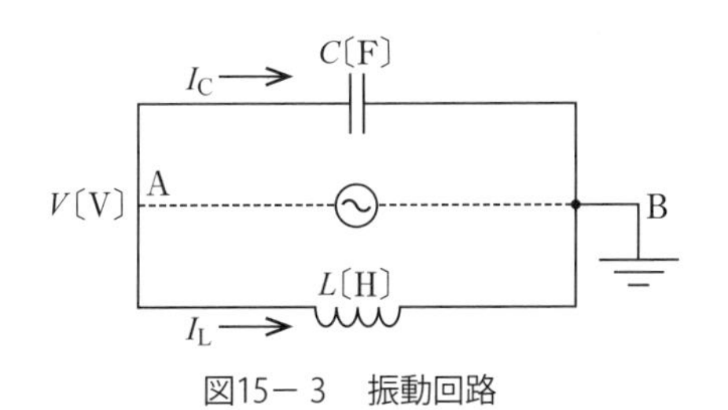

図15－3　振動回路

図15－３のＢを基準にしたＡの電位 V は，図の電流の向きを正とし，$V = V_0 \sin\omega t$ であるとします。コイルを流れる電流 I_L とコンデンサーを流れる電流 I_C は，

$$I_L = \frac{V_0}{\omega L}\left(\omega t - \frac{\pi}{2}\right)$$

$$I_C = \omega C V_0 \sin\left(\omega t + \frac{\pi}{2}\right) = -\omega C V_0 \sin\left(\omega t - \frac{\pi}{2}\right)$$

なので，$I_L = -I_C$ となります。よって，

$$\frac{1}{\omega L} = \omega C \qquad \omega = \frac{1}{\sqrt{LC}}$$

$$\therefore T = \frac{2\pi}{\omega} = 2\pi\sqrt{LC}〔\mathrm{s}〕;f = \frac{1}{T} = \frac{1}{2\pi\sqrt{LC}}〔\mathrm{Hz}〕$$

この f を振動回路の**固有振動数**といいます。

直流共振回路

弦や気柱の共振・共鳴は，外部音源の振動エネルギーを弦や気柱などの振動系にあたえると生じます。外部からの振動エネルギーがわずかでも，その振動数と振動系の固有振動数が一致すると，振動系の振動は激しくなり，外部エネルギーが振動系のほうへと一方的に流れることがわかります。

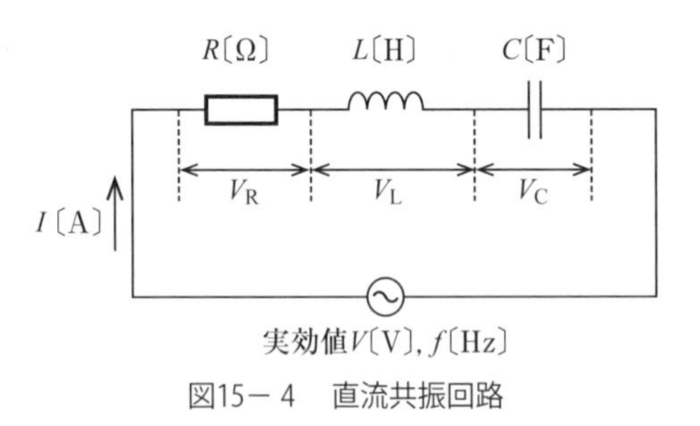

図15－４　直流共振回路

電源電圧の実効値 V を一定にして，周波数 f〔Hz〕を変化させると，図15－５の

ようなグラフが得られます。

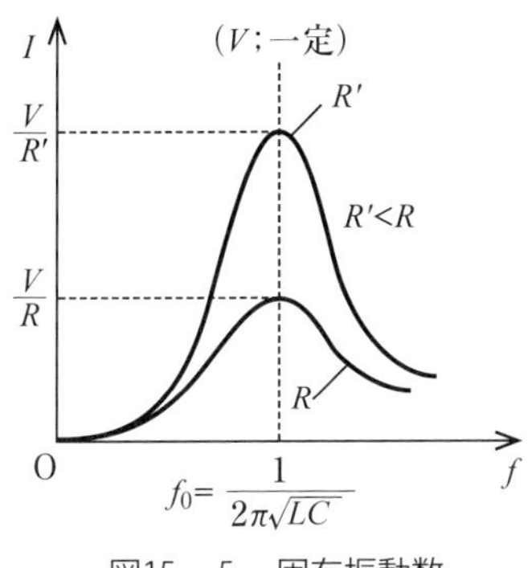

図15－５　固有振動数

I-fグラフが極大値をとるとき，共振しているといいます。この点では，回路を流れる電流が最大なので，回路のインピーダンスZは最小です。RLC 直列回路のインピーダンスZは，

$$Z=\sqrt{R^2+\left(\omega L-\frac{1}{\omega C}\right)^2}\ 〔\Omega〕$$

となります。Zが最小であるということはリアクタンスXが0なので，

$$\frac{1}{\omega L}=\omega C \qquad \therefore f=\frac{1}{T}=\frac{1}{2\pi\sqrt{LC}}\ 〔\mathrm{Hz}〕$$

となります。

以上から，回路に固有振動数と等しい交流を与えると，**共振**することがわかります。この周波数を**共振周波数**といいます。

数種類の周波数の交流が混ざっているとき，この回路を利用して，特定の周波数の交流だけを取りだすことができます。このことを**同調**といいます。具体的には，図15－５のグラフにみるように，抵抗Rが小さくなると，fとIの関係が非常に鋭くなり，共振周波数からずれる周波数での電流が急激に小さくなるので，fをシャープにすることにより同調しやすくすることができます。

並列共振回路

LC が，電源に対して並列になっている回路において，電源電圧の実効値 V を一定にして，周波数 f〔Hz〕を変化させた場合について考えてみましょう。

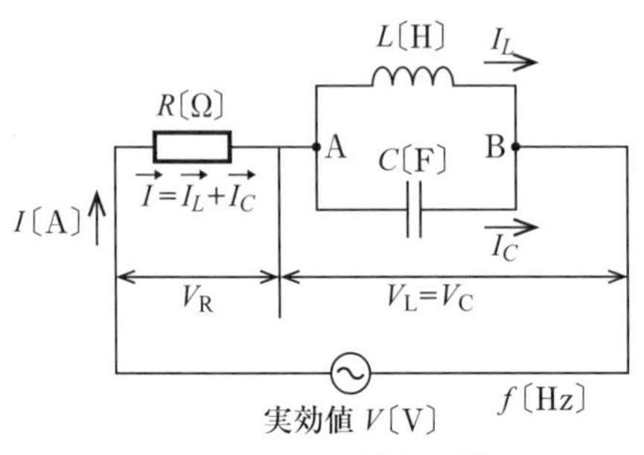

図15－6　並列共振回路

AB 間のインピーダンス Z は，

$$Z=\left|\frac{1}{\dfrac{1}{\omega C}-\omega C}\right| 〔\Omega〕$$

となります。したがって，

$$f=\frac{1}{T}=\frac{1}{2\pi\sqrt{LC}}$$

のとき，インピーダンス Z は最大となり，AB 間に高い電圧が生じます。

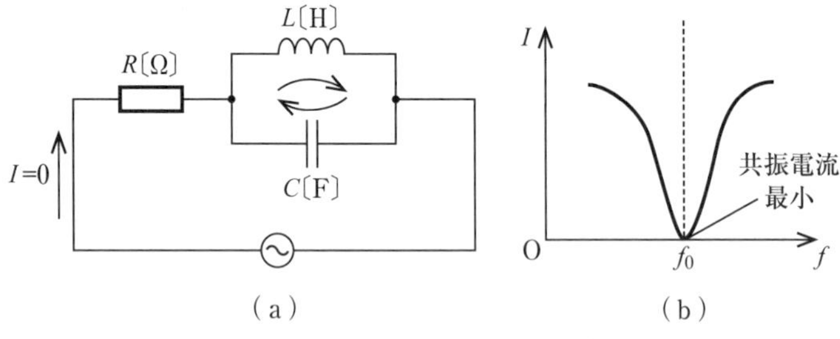

図15－7　並列共振回路と固有振動数

このとき，主回路には電流は流れず，LC 振動回路内部で電気振動が生じています。V_L と V_C は，$I=0$ より，電源電圧に等しいことがわかります。

LC 回路内の電気振動が永久に続くためには，LC 回路内の導線のもつ抵抗によって，エネルギーが消費されるため，電源よりエネルギーが供給されなければなりません。このとき主回路にわずかに電流が流れます。

このことから，次のようにいえます。電源からあたえる電流がわずかであっても，LC 回路内には，大きな振動電流が流れることが可能で，AB 端子から大きな電圧を取りだすことができるのです。

電磁気学と力学の対応関係

自己インダクタンス L が慣性のような性質をもついいましたが，力学の質量 m が慣性をもつのと同様です。そこで，これを手がかりに，力学と電磁気学の対応関係をまとめると下表のようになります。

表15－1　電磁気学と力学との対応関係

電磁気学	力　学
ファラデーの電磁誘導の法則	ニュートンの運動の第 2 法則
$V=-L\dfrac{\Delta I}{\Delta t}$	$F=ma=m\dfrac{\Delta v}{\Delta t}$
L（自己誘導係数）	m（質量）
V（電圧）	F（力）
$I=\dfrac{dq}{dt}$（電流）	$v=\dfrac{dx}{dt}$（速度）
q（電荷）	x（変位）
$W=qV$（仕事）	$W=Fs$（仕事）
$U_C=\dfrac{1}{2}\dfrac{q^2}{C}$（静電エネルギー）	$E'_p=\dfrac{1}{2}kx^2$（弾性のエネルギー）
$U_L=\dfrac{1}{2}LI^2$（磁場のエネルギー）	$E_k=\dfrac{1}{2}mv^2$（運動エネルギー）
$\dfrac{1}{C}$（電気容量の逆数）	k（弾性定数）
$V=\dfrac{q}{C}$；$q=CV$	$F=kx$（フックの法則）
$T=2\pi\sqrt{LC}=2\pi\sqrt{\dfrac{L}{\dfrac{1}{C}}}$	$T=2\pi\sqrt{\dfrac{m}{k}}$

16 電磁波

電気振動がコイルやコンデンサーを含む回路で生じると，コンデンサーの極板間から電磁波が空間に向かって放出されるようになります。このことから，無線で通信ができることがわかったのです。現在では，テレビや携帯電話など，幅広く，電磁波が利用されています。

電磁波が伝搬する速度が光の速度と等しかったことから，光は電磁波であると考えられるようになりました。

変位電流

定常電流がつくる磁場では，アンペールの法則が成り立つことを確認しました。数式で書くと

$$\oint H dl = \sum_i I_i \qquad (2\pi r H = I)$$

となります。

ところが，この式の左辺は，電流を囲むような閉曲線 C についての積分で，右辺は閉曲線 C で囲った曲面を貫く電流の代数和です。なので，当然ですが，この曲面は電流が定常電流のときにはどこに考えてもよいわけです。しかし交流回路で，図16－1のようにコンデンサーが途中に入った場合はどう考えればいいのでしょうか。

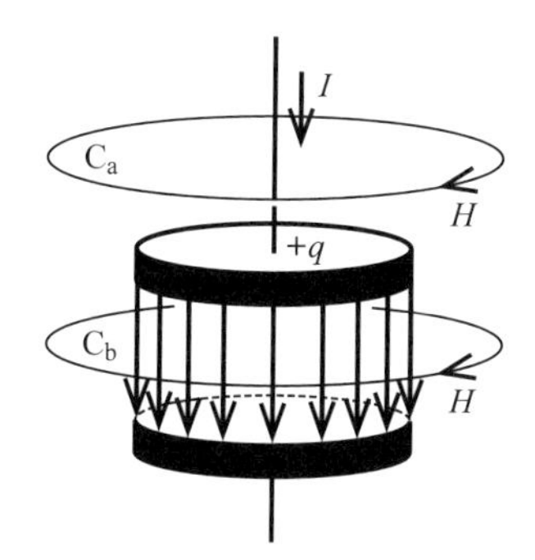

図16－1　コンデンサーの極板間の場合はどう考えるのか

コンデンサーの極板間には，いわゆる電流は流れません。したがって，図16－1にみるように，閉曲線Cを，コンデンサーを含まない導線の部分（C_a）でとるか，コンデンサーの部分（C_b）でとるかによって右辺が異なってしまいます。

C_a のように，導線を中心に半径 r の閉曲線を考えた場合，アンペールの法則は $2\pi rH = I$ と書けます。しかし C_b のように，コンデンサーの極板間を通るように閉曲線を考えた場合は $2\pi rH = 0$ と書くことになり，アンペールの法則が成り立たないようにみえます。

ところで，コンデンサーの極板の面積を S とし，両極間に存在する電荷 $\pm q$ とすると，極板間には，一様な電場ができていると考えることができます。電場の大きさ E は，極板間が真空の場合には，

$$E = \frac{q}{\varepsilon_0 S}$$

となります。このとき誘電率を分母から払って電場に乗じたものを電束密度とし，その大きさを求めてみましょう。電束密度の大きさは，

$$D = \frac{q}{S} \quad （真空中；D = \varepsilon_0 E，誘電体中；D = \varepsilon E）$$

となります。ところで，電流 I は，$I = \frac{\mathrm{d}q}{\mathrm{d}t}$ と書けるので，

$$\mathrm{d}D = \frac{\mathrm{d}q}{S} \qquad \therefore \mathrm{d}q = S\mathrm{d}D$$

となるので，

$$I = \frac{\mathrm{d}q}{\mathrm{d}t} = S\,\frac{\mathrm{d}D}{\mathrm{d}t}$$

となります。極板間の空間では，極板の単位面積あたりでは，

$$i = \frac{I}{S} = \frac{\partial D}{\partial t}$$

と書けます。なお，Dは位置によっても変わるものなので，偏微分記号を用いて表します。この$\frac{\partial D}{\partial t}$を**変位電流**または**電束電流**とよびます。

マクスウェルは，時間的に変化する電場内には，$i = \frac{\partial D}{\partial t}$をみたすような変位電流が流れるとし，変位電流にも**伝導電流**（ふつうの意味での電流）と同様に，磁気作用があると考え，アンペールの法則を，

$$\oint H dl = S\,\frac{\partial D}{\partial t}$$

のように書けるとしました。

ある閉曲線Cを考えて，そのCについて，線素片dlの向きを正とし，Cを縁とする閉曲面Sを考えてみましょう。この閉曲面Sについて，閉曲線Cと右ねじの関係になる方向を面の表とし，Sの表に立てた法線をnとします。また，$\frac{\partial D}{\partial t}$の法線成分を$\frac{\partial D_n}{\partial t}$とします。Sを貫く伝導電流がある場合には，その電流密度の法線成分をi_nとすると，アンペールの法則は，

$$\oint_C H_l \mathrm{d}l = \int_S \left(\frac{\partial D_n}{\partial t} + i_n\right)\mathrm{d}S$$

となります。これを**アンペール・マクスウェルの法則**といいます。

16 電場と磁場

長さLの導線の両端に電圧Vをかけると，導線内には，$E = V/L$の電場が生じ，導線には定常電流が流れます。定常電流の周りには，アンペールの法則にしたがう磁場がつくられます。

導線に交流を流したところ，電流の時間的変化に応じて，磁場も時間的に変化することがわかりました。つまり，「電場の変化は磁場の変化を引き起こす」ことがわかったわけです。

磁束がΔt〔s〕間にΦから$\Phi + \Delta\Phi$に変化すると，ファラデーの電磁誘導の法則により，この$\Delta\Phi$を打ち消す向きに誘導電流が生じます（図16－２）。この誘導電流を流すためには，電流と同じ向きに電場が生じなくてはなりません。

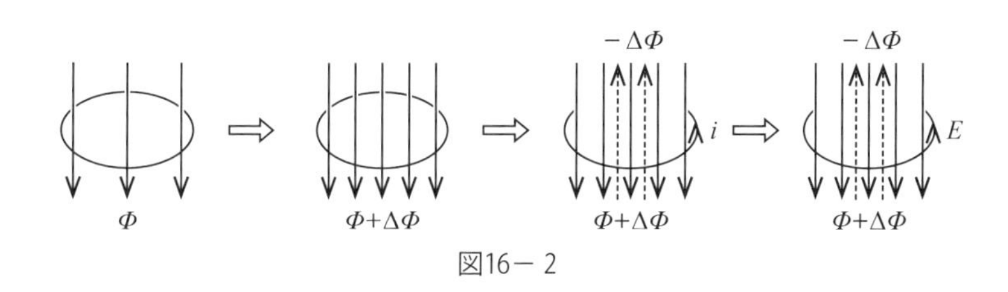

図16－２

もし，円形のコイルが存在していない場合，図16－３のように磁場が変化すると，磁束の変化を打ち消すため，空間に架空の電流が流れると考えることになります。

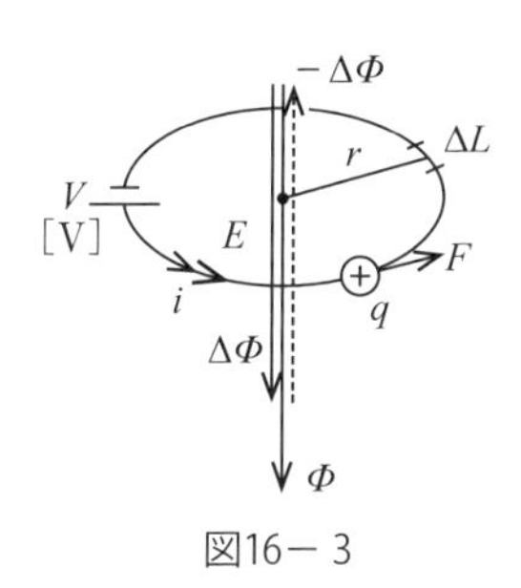

図16－３

この誘導電流を流すためには，電流と同じ向きに電場が発生しなければなりません。このような電場を**誘導電場**といい，**ベータトロン**という加速器に利用されています。電磁誘導は，その場に導線があってもなくても，磁場が変化すれば電場が生じると考えればよく，導線の有無によらないわけです。

さて，磁束の周りに架空の電流が流れていると考え，誘導電場の強さをEとしましょう。半径rの円を考え，電場から受ける力に逆らって，電荷qを円周に沿って一周させるのに要する仕事Wは，

$$W = F \cdot 2\pi r = qE \cdot 2\pi r$$

です。この電流について誘導起電力を V とすると，$W = qV$ より，

$$qE \cdot 2\pi r = qV \qquad \therefore E \cdot 2\pi r = V = -\frac{\mathrm{d}\Phi}{\mathrm{d}t}$$

となります。

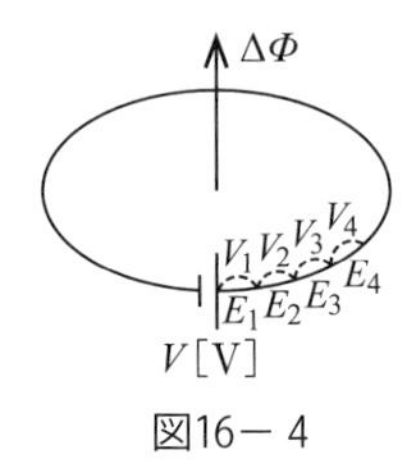

図16－4

空間の微小部分を ΔL とすると，$2\pi r = \Sigma\Delta L$ なので，

$$\Sigma E\Delta L = -\frac{\mathrm{d}\Phi}{\mathrm{d}t}\left(= -\frac{\mathrm{d}BS}{\mathrm{d}t}\right) \quad (S；閉曲面を囲む面積)$$

$$\oint E\mathrm{d}L = -S\frac{\mathrm{d}B}{\mathrm{d}t}$$

と書くことができます。つまり「磁場の変化は電場を発生させる」ことがわかります。

電磁波の発生

変位電流を考えることで，電場の変化が磁場を誘起すると説明できることがわかりました。これに電磁誘導（磁場の変化によって電場が生じる）を組み合わせると，電場と磁場がからみあって伝わる波が考えられます。この波を**電磁波**といい，1864年にマクスウェルが理論的に導きました。その後約20年以上たって，1888年にヘルツが実験により検証し，さらにその後1895年に，マルコーニによって無線電信の実験が成功しました。

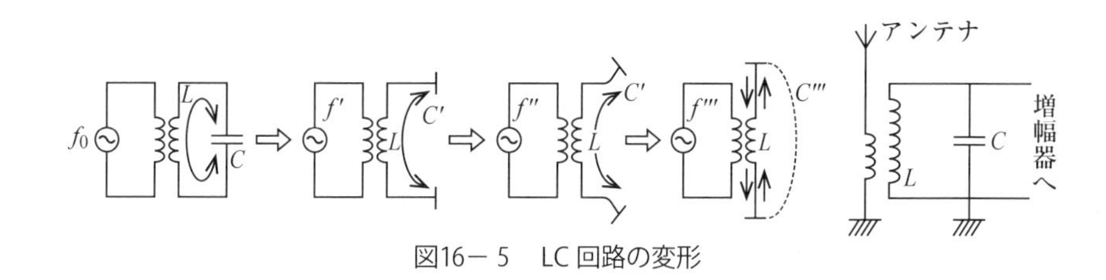

図16－5　LC 回路の変形

電源より，図16－5の共振回路に共振周波数$f_0 = \dfrac{1}{2\pi\sqrt{LC}}$〔Hz〕の交流電圧をあたえると，振動電流が発生します。

コンデンサーの極板間の距離を広げると，コンデンサーの容量が変化します。コンデンサーが棒状になるまで，コンデンサーの極板間隔を広げても，図16－5にみるように共振回路を形成することができます。このときの電気容量を C‴ とすると，共振周波数は$f''' = \dfrac{1}{2\pi\sqrt{LC'''}}$となります。電源の周波数も$f''''$にすると，棒状の回路の内部にも振動電流が流れます。このような棒状の回路を**ダイポール・アンテナ（棒状回路）**といいます。

昔，マンガで，下宿人の大学生がテレビに１本の針金をたてて，アンテナにしているのがありましたが，まさにそのことです。

ダイポール・アンテナで振動が繰り返されると，図16－6に示すように，電気力線はしだいに空間を一定の速さで四方八方に広がるようになります。このとき，電束電流によって磁束も一定の速さで，図16－7のように広がります。このとき，電場と磁場は互いに直角を保ちながら，磁場はアンテナ AB を垂直２等分する平面上を広がっていきます（図16－８）。

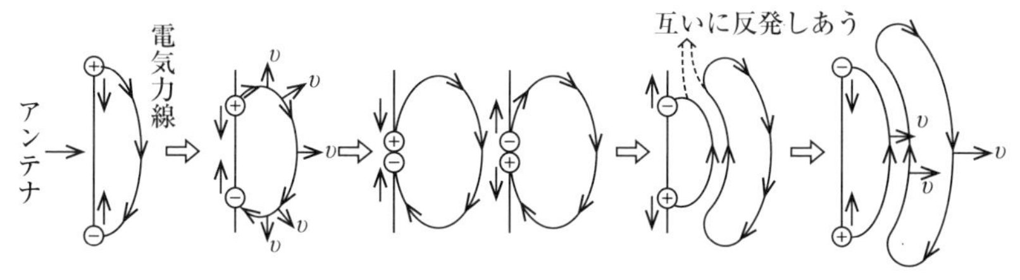

図16－6　電気力線の広がり方

16
電磁波

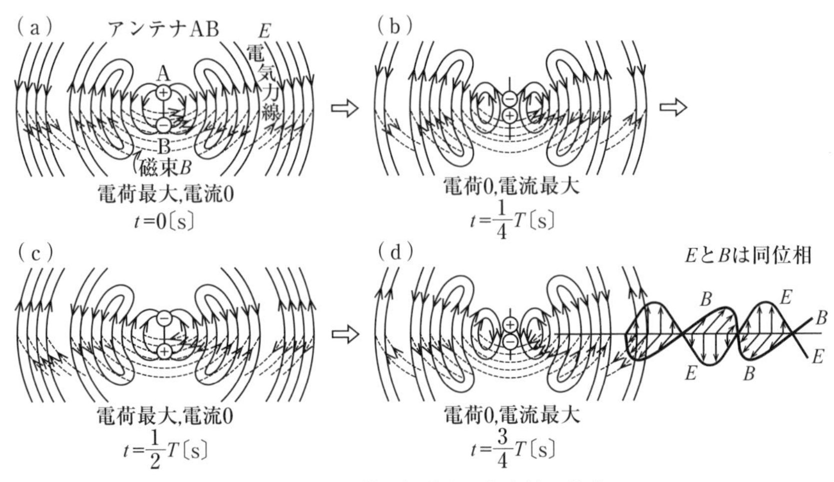

図16－7　電荷の振動と電気力線の放出

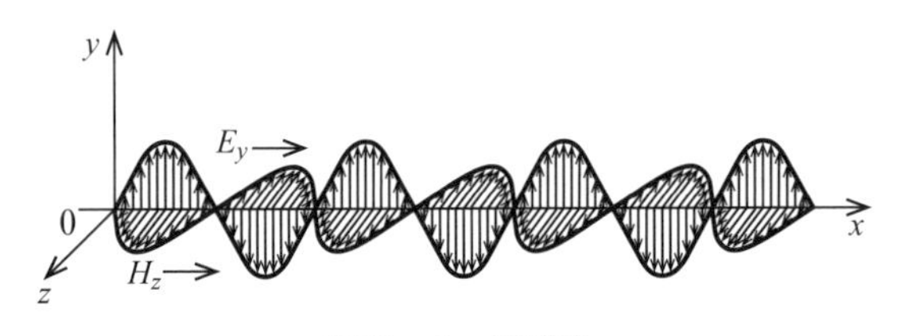

図16－8　電磁波

電磁波は，振動電流，すなわち電荷の振動にともなって発生しますが，このとき電荷は加速度運動をしています。一般に，**電磁波は，加速度運動をする電荷にともなって発生**します。また，電場と磁場は互いに直角方向に同位相で，進行方向に直角に振動している。このことから，**電磁波は横波**であるといえます。

電磁波の伝搬速度

16 電磁波

真空中を電磁波が伝わる速さ v〔m/s〕はいくらでしょうか。真空の誘電率を ε_0，真空の透磁率を μ_0 とします。

図16－9 (a) のように，電場が x 方向，磁場が y 方向で，z 方向に進む電磁波について速度を求めてみます。

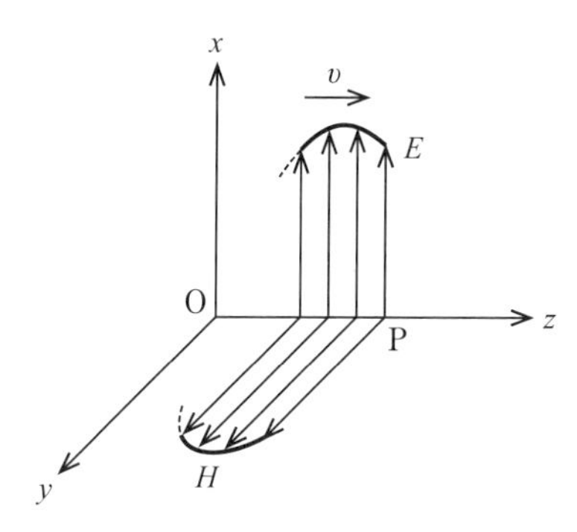

図16－9　電磁波の進行

いま，波の先端が点Pに達したとしましょう。それより先では，電場の強さも磁場の強さもゼロです。一方，きわめて短いΔtという時間を考えた場合，点Pより後方の狭い範囲では，電場の強さも磁場の強さも一定と考えられます。

さて，点Pから，y-z面内に垂線Qをたて，PQRSで囲む小さな長方形を考えます（図16－10）。

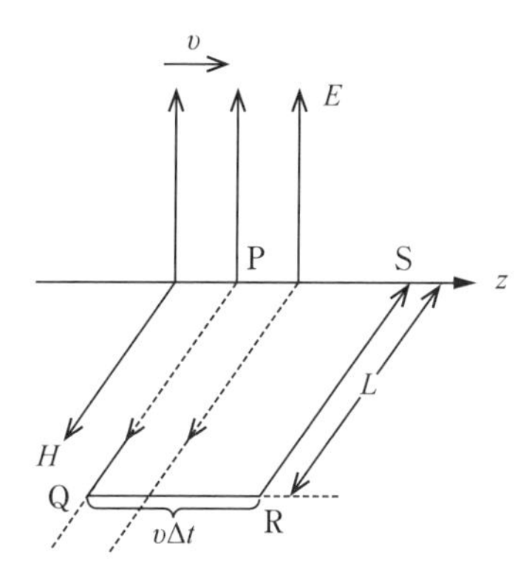

図16－10　点P付近での電磁波について

PS = QR = $v\Delta t$とし，PQ = RS = Lとします。長方形の面積Sは，$S = L \times v\Delta t$なので，この長方形内部の電束DSは，

$$DS = \varepsilon_0 E \times Lv\Delta t$$

だけ増加します。アンペールの法則より

$$HL = (\varepsilon_0 E \times Lv\Delta t) \ / \ \Delta t = \varepsilon_0 E \times Lv \qquad \therefore H = \varepsilon_0 E \times v$$

となります。同様に，電場Eについてもみてみましょう。

16 電磁波

点Pから，x-z 面内に垂線Q′をたて，PQ′R′Sで囲む小さな長方形を考えます。

PS ＝ Q′R′ ＝ $v\Delta t$ とし，PQ′ ＝ R′S ＝ L とします。長方形の面積 S' は，

$S' = L \times v\Delta t$ なので，この長方形内部の磁束 BS は，

$$BS = \mu_0 H \times Lv\Delta t$$

となります。したがって，

$$EL = (\mu_0 H \times Lv\Delta t)\ / \ \Delta t = \mu_0 H \times Lv \qquad \therefore \quad E = \mu_0 Hv$$

この式に，$H = \varepsilon_0 E \times v$ を代入すると，

$$E = \mu_0 \varepsilon_0 E \times v \times v \qquad \therefore v = \frac{1}{\sqrt{\varepsilon_0 \mu_0}}$$

ところで，$\varepsilon_0 = \dfrac{1}{4\pi \times 9 \times 10^9}$，$\mu_0 = 4\pi \times 10^{-7}$ なので，これらを代入すると，

$$v = 3.0 \times 10^8 \text{ m/s}$$

となり，光速（c）と一致します。

電磁波の種類

光の速度と電磁波の速度が一致したことから，光は電磁波の一種であることがわかりました。電磁波には，光以外にも多くの種類があります。まとめると，表16－1のようになります。

表16－1　電磁波の種類

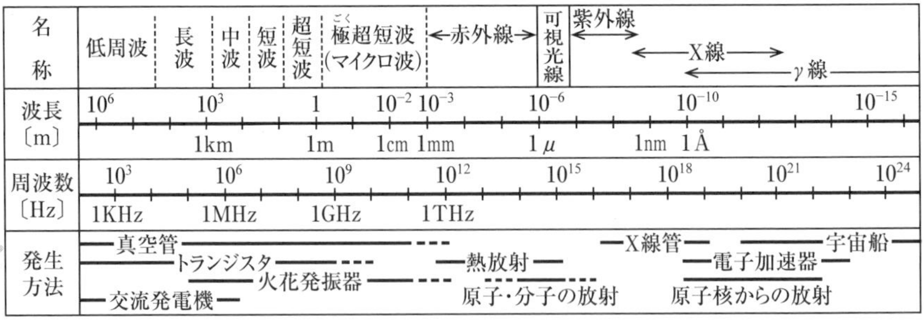

名称	低周波	長波	中波	短波	超短波	極超短波（ごく）(マイクロ波)	←赤外線→	可視光線	紫外線 ←→　←X線→　←γ線―
波長〔m〕	10^6	10^3 (1km)			1 (1m)	10^{-2} (1cm)	10^{-3} (1mm)	10^{-6} (1μ)	10^{-10} (1nm　1Å)　10^{-15}
周波数〔Hz〕	10^3 (1KHz)	10^6 (1MHz)			10^9 (1GHz)		10^{12} (1THz)	10^{15}	10^{18}　10^{21}　10^{24}
発生方法	―真空管――――――――――― - - -　―X線管―　――宇宙船― ―――トランジスタ―――― - - -　―熱放射―　―電子加速器― ――火花発振器――― - - -　- - -――- - -　―――― ―交流発電機―　原子・分子の放射　原子核からの放射								

それでは，それぞれの種類の電磁波についてみてみます。波長の長い方からみ

てみましょう。

①電波；赤外線より波長の長い電磁波の総称です。テレビやラジオ，携帯電話やスマートフォンに利用されています。

②赤外線；電波よりも波長が短く，可視光線より長い電磁波。物体に当たると吸収されて熱に変わりやすい（熱線）です。テレビのリモコンなどに利用されています。

③可視光線；目に見える光で，赤外線より波長が短く，紫外線より長い電磁波で，赤，橙，黄，緑，青，藍，紫と７色で表現されることが多いです。赤色の光の波長が最も長く810 nm 程度，紫色の光の波長が最も短く380 nm 程度です。

④紫外線；可視光線より波長の短い電磁波。紫外線は物質に化学変化を起こさせやすく，殺菌などにも利用されます。別名，化学線とよばれます。

⑤Ｘ線；紫外線より波長の短い電磁波です。真空度の高いガラス管に２つの電極を封入し，高い電圧をかけると，陰極のフィラメントから出てくる熱電子が加速され，陽極に大きな速度で衝突し急激に減速させられます。このときに発生する電磁波がＸ線です。

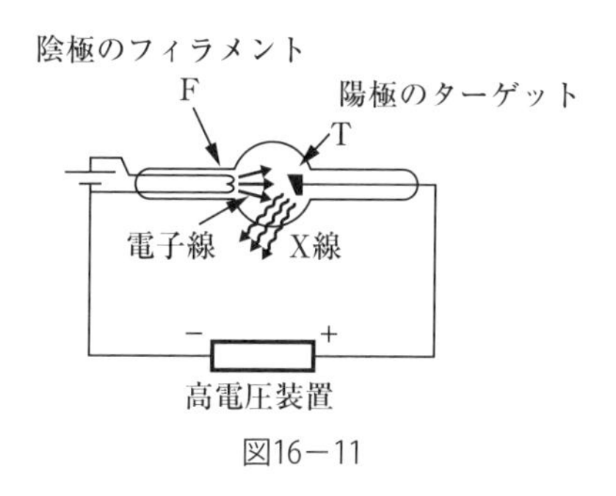

図16−11

⑥γ線；Ｘ線より波長の短い電磁波。放射性原子の原子核から発生します。

これらの電磁波は，光と同様に，反射，屈折，回折，干渉，偏りを示します。

17 マクスウェル方程式

マクスウェルの方程式をマスターすれば，電磁気学を勉強したと胸を張っていえると思います。最後のまとめの章ですので，是非，がんばって取り組んでみてください。それでは，マクスウェルの方程式についてみていきましょう。マクスウェルの方程式は次の4つの式から成り立ちます。電場と磁場についてガウスの法則，電磁誘導についてのファラデーの法則，電流と磁場の関係を与えるアンペール・マクスウェルの法則です。

1．電束密度に関するガウスの法則　$\int_S D_n \mathrm{d}S = Q$；$\mathrm{div}\boldsymbol{D} = \rho$

2．磁束密度に関するガウスの法則　$\int_S B_n \mathrm{d}S = 0$；$\mathrm{div}\boldsymbol{B} = 0$

3．ファラデーの法則　$\int_C E_l \mathrm{d}l = -\int_S \frac{\partial B_n}{\partial t} \mathrm{d}S$；$\mathrm{rot}\boldsymbol{E} = -\frac{\partial \boldsymbol{B}}{\partial t}$

4．アンペール・マクスウェルの法則　$\oint_C H_l \mathrm{d}l = \int_S \left(\frac{\partial D_n}{\partial t} + i_n \right) \mathrm{d}S$；$\mathrm{rot}\boldsymbol{H} = i + \frac{\partial \boldsymbol{D}}{\partial t}$

まず，上記の4つの方程式の積分形，微分形のすべては，覚えてしまいましょう。後の解説がすらすら読めることと思います。

電束密度に関するガウスの法則（積分形）

立体内部にある電荷の総量をQとすると，任意の形状をした立体の表面を貫く電気力線の総数は，Q/ε_0です。このことをガウスの法則といいましたね。電気力線の密度は電場の強さに一致します。

ところで，立体の表面を微小部分に分割し，分割した部分 i ごとの電場の垂線の向きの成分を E_{ni}，面積を $\mathrm{d}S_i$ とすると，ガウスの法則は，

$$\sum_i E_{ni}\mathrm{d}S_i = \frac{Q}{\varepsilon_0}$$

となります。分割数をさらに大きくし，微小部分の面積 $\mathrm{d}S_i$ を無限小にした極限を積分の記号を使って表したのが面積分なので，

$$\sum_i E_{ni}\mathrm{d}S_i = \frac{Q}{\varepsilon_0} \quad \rightarrow \quad \int_S E_n \mathrm{d}S = \frac{Q}{\varepsilon_0}$$

となります。ところで，電束密度を用いて書き換えると，$D = \varepsilon_0 E$ より，

$$\int_S D_n \mathrm{d}S = Q \quad (Q\text{；閉曲面 }S\text{ に含まれる真電荷の総和})$$

となります。

磁束密度に関するガウスの法則（積分形）

電流のまわりに生じる磁束密度は閉じた曲線です。任意の立体の表面の微小部分 i の面積を $\mathrm{d}S_i$，磁束密度の垂線の向きの成分を B_{ni} とすると，立体の表面を貫く磁束の総数は 0 になります。面積分の記号を用いて書くと

$$\sum_i B_{ni}\mathrm{d}S_i = 0 \quad \rightarrow \quad \int_S B_n \mathrm{d}S = 0$$

となります。

ファラデーの法則（積分形）

コイルに生じる誘導起電力は，コイルを貫く磁束の変化に等しいので，コイルの微小部分 i の長さを $\mathrm{d}l_i$，電場の接線成分を E_{ti} とすると，コイルに生じる誘導起電力は $\sum_i E_{ti}\mathrm{d}l_i$ となります。コイルを縁とする曲面の微小部分 j の面積を $\mathrm{d}S_i$，磁束密度の垂線の向きの成分を B_{nj} とすると，コイルを貫く磁束は $\sum_i B_{nj}\mathrm{d}S_j$ とな

ります。以上から，電磁誘導の法則は次式で表されます。

$$\sum_i E_{ti} \mathrm{d}l_i = -\frac{\mathrm{d}}{\mathrm{d}t}\left(\sum_i B_{nj} \mathrm{d}S_j\right)$$

$$\int_C E_t \mathrm{d}l = -\int_S \frac{\partial B_n}{\partial t} \mathrm{d}S$$

アンペール・マクスウェルの法則（積分形）

任意の形状をした閉じた曲線に対して，曲線を貫く電流の和を I として，磁束密度の接線成分と曲線の長さの積は $\mu_0 I$ となりました。

微小部分 i の線分の長さを $\mathrm{d}l_i$，磁束密度の接線成分を B_{ti} とすると，アンペールの法則は，$\sum_i B_{ti} \mathrm{d}l_i = \mu_0 I$ と表せました。分割数をさらに大きくして，微小部分の線分の長さ $\mathrm{d}l_i$ を無限小にした極限を積分の記号を用いて線積分で表すと，$\int_C B_t \mathrm{d}l = \mu_0 I$ となります。ここで，変位電流を考えると，

$$\oint_C B_t \mathrm{d}l = \mu_0 \int_S \left(\frac{\partial D_n}{\partial t} + i_n\right) \mathrm{d}S$$

$$\oint_C H_t \mathrm{d}l = \int_S \left(\frac{\partial D_n}{\partial t} + i_n\right) \mathrm{d}S$$

以上の 4 式で表されます。

それでは，これら4つの式の微分形についてみてみましょう。

電束密度に関するガウスの法則（微分形）

電場 $\boldsymbol{E}$ の x,y,z 成分をそれぞれ E_x, E_y, E_z とします。図17－1のように，3辺の長さがそれぞれ Δx，Δy，Δz の微小な直方体を考えます。

電場 $\boldsymbol{E}$ の x 成分を考えてみます。x 軸に垂直な面を考えると，面ABCDでは $-E_x\ (x,y,z,t)$，面EFGHでは $E_x\ (x+\Delta x,y,z,t)$ となります。

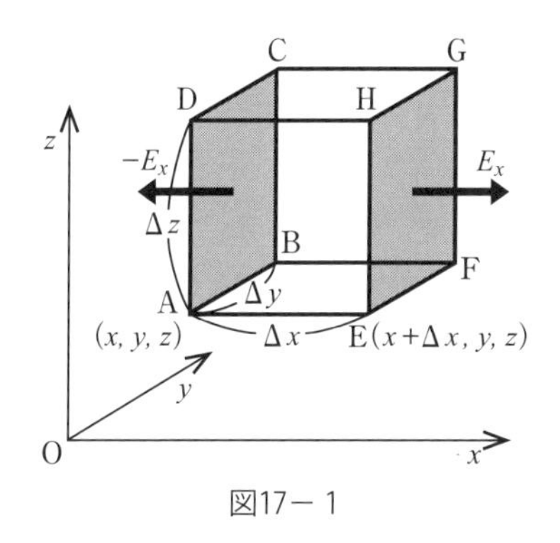

図17－1

x 方向に出ていく電気力線を考えると，

$$
\begin{aligned}
& -E_x(x,y,z,t)\Delta y\Delta z + E_x(x+\Delta x,y,z,t)\Delta y\Delta z \\
&= \{E_x(x+\Delta x,y,z,t) - E_x(x,y,z,t)\}\Delta y\Delta z \\
&= \left(\frac{E_x(x+\Delta x,y,z,t) - E_x(x,y,z,t)}{\Delta x}\Delta x\right)\Delta y\Delta z \\
&= \left(\frac{\partial E_x}{\partial x}\Delta x\right)\Delta y\Delta z
\end{aligned}
$$

となります。

y 軸に垂直な面，z 軸に垂直な面についても同様に，$\left(\frac{\partial E_y}{\partial y}\Delta y\right)\Delta z\Delta x$，$\left(\frac{\partial E_z}{\partial z}\Delta z\right)\Delta x\Delta y$ となります。単位体積あたりの電気量を電荷密度 ρ で表すと，

$\rho = \dfrac{Q}{\Delta x \Delta y \Delta z}$ なので，

$$\left(\frac{\partial E_x}{\partial x} + \frac{\partial E_y}{\partial y} + \frac{\partial E_z}{\partial z}\right)\Delta x \Delta y \Delta z = \frac{Q}{\varepsilon_0} \qquad \frac{\partial E_x}{\partial x} + \frac{\partial E_y}{\partial y} + \frac{\partial E_z}{\partial z} = \frac{\rho}{\varepsilon_0}$$

$$\therefore \ \mathrm{div}\boldsymbol{E} = \frac{\rho}{\varepsilon_0} \quad \mathrm{div}\boldsymbol{D} = \rho$$

磁束密度に関するガウスの法則（微分形）

磁束密度 $\boldsymbol{B}$ の x,y,z 成分をそれぞれ B_x, B_y, B_z とします。磁束密度 $\boldsymbol{B}$ も電場 $\boldsymbol{E}$ と同様に位置と時間 t の関数です。なので，

$$\frac{\partial B_x}{\partial x} + \frac{\partial B_y}{\partial y} + \frac{\partial B_z}{\partial z} = 0 \quad \mathrm{div}\boldsymbol{B} = 0$$

となります。

ファラデーの法則（微分形）

y-z 平面上の閉曲面 A → B → C → D を考えます。電場の接線成分 E_t と辺の長さ Δl をかけたものを，プラス・マイナスの向きに注意しながら，4つの辺に対して和をとります。

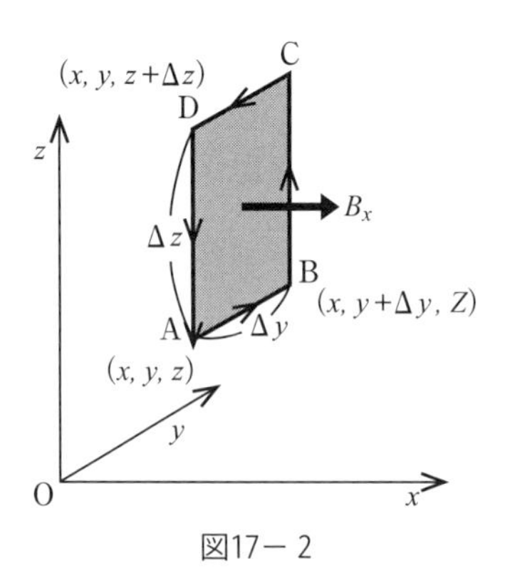

図17－2

$$\oint_{(y,z)} E_t dl$$
$$= E_y(x,y,z)\Delta y + E_z(x,y+\Delta y,z)\Delta z - E_y(x,y,z+\Delta z)\Delta y - E_z(x,y,z)\Delta z$$
$$= E_z(x,y+\Delta y,z)\Delta z - E_z(x,y,z)\Delta z - (E_y(x,y,z+\Delta z)\Delta y - E_y(x,y,z)\Delta y)$$
$$= \left(\frac{E_z(x,y+\Delta y,z) - E_z(x,y,z)}{\Delta y} - \frac{E_y(x,y,z+\Delta z) - E_y(x,y,z)}{\Delta z}\right)\Delta y\Delta z$$

ところで，積分形の式の右辺の閉曲面の面積は $\Delta y\Delta z$ で，垂線は x 軸の正の向きなので，

$$-\frac{\mathrm{d}}{\mathrm{d}t}\sum B_n \Delta S = -\frac{\mathrm{d}}{\mathrm{d}t}(B_x\Delta y\Delta z) = -\left(\frac{\partial B_x}{\partial t}\right)\Delta y\Delta z$$

ここで，$\Delta y \to 0$，$\Delta z \to 0$ とすると，

$$\left(\frac{\partial E_z}{\partial y} - \frac{\partial E_y}{\partial z}\right)\Delta y\Delta z = -\left(\frac{\partial B_x}{\partial t}\right)\Delta y\Delta z \qquad \therefore \frac{\partial E_z}{\partial y} - \frac{\partial E_y}{\partial z} = -\frac{\partial B_x}{\partial t}$$

x - y 平面，z - x 平面も同様に考えて，これらの式を回転 rot で表すと，

$$\mathrm{rot}\,\boldsymbol{E} = -\frac{\partial \boldsymbol{B}}{\partial t}$$

となります。

アンペール・マクスウェルの法則（微分形）

図17－3の，y - z 平面上の A → B → C → D を考えます。これを閉曲線としてとらえ，単位面積あたりの電流密度 i を考えます。

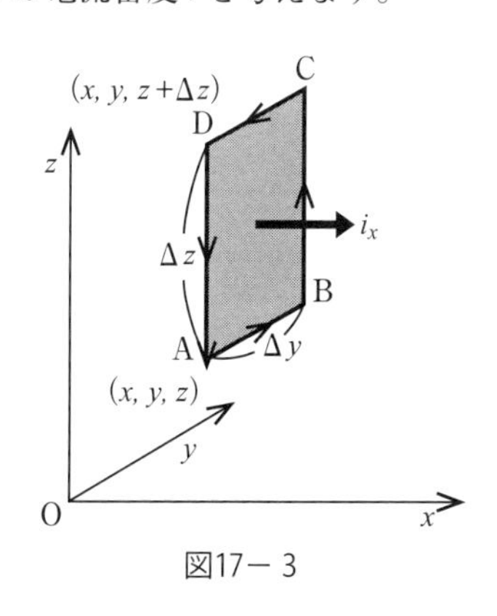

図17－3

i の x 成分を i_x とすると，閉曲線を貫く電流 I は，$I = i_x$ $(\Delta y \Delta z)$ なので，

$$\sum_s B_t \mathrm{d}l = \left(\frac{\partial B_z}{\partial y} - \frac{\partial B_y}{\partial z}\right)\Delta y \Delta z = \mu_0\left(i_x + \varepsilon_0 \frac{\partial E_x}{\partial t}\right)\Delta y \Delta z$$

となります。この式の両辺を $\Delta y \Delta z$ で割ります。

$$\frac{\partial B_z}{\partial y} - \frac{\partial B_y}{\partial z} = \mu_0\left(i_x + \varepsilon_0 \frac{\partial E_x}{\partial t}\right)$$

y, z 成分についても同様に，

$$\frac{\partial B_x}{\partial z} - \frac{\partial B_z}{\partial x} = \mu_0\left(i_y + \varepsilon_0 \frac{\partial E_y}{\partial t}\right)$$

$$\frac{\partial B_y}{\partial x} - \frac{\partial B_x}{\partial y} = \mu_0\left(i_z + \varepsilon_0 \frac{\partial E_x}{\partial t}\right)$$

$$\therefore \mathrm{rot}\boldsymbol{B} = \mu_0\left(\boldsymbol{i} + \frac{\partial \boldsymbol{D}}{\partial t}\right)$$

$$\mathrm{rot}\boldsymbol{H} = \boldsymbol{i} + \frac{\partial \boldsymbol{D}}{\partial t}$$

と整理できます。

なおこれらに補助的に，物質の誘電率を ε，真空の誘電率を ε_0，物質の透磁率を μ，真空の透磁率を μ_0 とすると，

電束密度については； $\boldsymbol{D} = \varepsilon \boldsymbol{E}$，$\boldsymbol{D} = \varepsilon_0 \boldsymbol{E}$

磁束密度については； $\boldsymbol{B} = \mu \boldsymbol{H}$，$\boldsymbol{B} = \mu_0 \boldsymbol{H}$

電流については　　； $\boldsymbol{i} = \sigma \boldsymbol{E}$

と表現することができます。

参考文献

・電磁気学のききどころ，和田純夫，岩波書店，1994年
・理工系の基礎物理　電磁気学，原康夫，学術図書出版，1999年
・新版　理工系のための電磁気学の基礎，万代敏夫・西村鷹明・鈴木裕武，講談社，2006年
・ファーストブック　電磁気学がわかる，田原真人，技術評論社，2011年
・第4版　基礎物理学，原康夫，学術図書出版，2012年
・わかりやすい理工系の電磁気学，川村康文・梅村和夫・加藤大樹・北原和夫・坂田英明・鈴木克彦・鳥塚潔・本間芳和，講談社，2012年
・史上最強の図解　これならわかる！電磁気学，遠藤雅守，ナツメ社，2014年
・ベクトル解析の基礎から学ぶ，浜松芳夫，森北出版，2015年
・マクスウエル方程式から始める電磁気学，小宮山進・竹川敦，裳華房，2015年
・ドリルと演習シリーズ　基礎物理学，川村康文ほか，電気書院，2011年
・ドリルと演習シリーズ　基礎電磁気学，川村康文，電気書院，2013年

索　引

◆ 数字 ◆

◆ アルファベット・ギリシャ文字 ◆

◆ あ行 ◆

◆ か行 ◆

◆ さ行 ◆

◆ た行 ◆

◆ な行 ◆

◆ は行 ◆

◆ ま行 ◆

◆ や行 ◆

◆ ら行 ◆

―― 著 者 略 歴 ――

川村　康文（かわむら　やすふみ）

1959年　京都市生まれ
1983年　京都教育大学卒業
1984年　京都教育大学附属高等学校教諭
2003年　京都大学　博士（エネルギー学科）
　　　　信州大学教育学部助教授
2006年　東京理科大学理学部第一部物理学科助教授
2008年　東京理科大学理学部第一部物理学科教授，現在に至る

●著書
『地球環境が目でみてわかる科学実験』（築地書館）
『確実に身につく基礎物理学（上・下）』（ソフトバンククリエイティブ）
『理科教育法　独創力を伸ばす理科授業』（講談社）
『しっかり学べる基礎物理学』（共著・電気書院）
『ドリルと演習シリーズ　基礎物理学』『同　基礎化学』（共著・電気書院）
『ドリルと演習シリーズ　基礎力学』，『同　基礎電磁気学』，『同　基礎量子力学』
（単著・電気書院）など多数

基礎から学ぼう 電気と磁気

2016年 8月12日　　第1版第1刷発行

著　者　川　村　康　文（かわ むら やす ふみ）
発行者　田　中　久　米　四　郎

発 行 所
株式会社　電 気 書 院
ホームページ　www.denkishoin.co.jp
（振替口座　00190-5-18837）
〒101-0051　東京都千代田区神田神保町1-3ミヤタビル2F
電話（03）5259-9160／FAX（03）5259-9162

印刷　亜細亜印刷株式会社
Printed in Japan／ISBN978-4-485-30082-4